焼酎手帳

Shochu Encyclopedia For Gourmet

はじめに

世界の一般的な蒸留酒と比べて、原料の種類が多彩で、かつその原料の持ち味を大いに活かせるのが焼酎の最大の魅力であるが、それゆえに原料への蔵元のこだわりは強く、その努力がさまざまなタイプの銘柄を生み出してきた。製法への追究も尽きることはなく、麹のバリエーションはもちろん、長期貯蔵による熟成や、はたまた樫樽を使うことで琥珀色の焼酎を誕生させるなど、まさにその工夫は変幻自在で、今や焼酎はプレミアム銘柄が出現するほどの一大ブームを巻き起こすまでになった。

しかし、それほどまで変化に富んでいるからこそ、飲み手にとって銘柄選びは容易ではない。お店でメニューを見ても、どれにしてよいのかとまどうという声もよく聞かれる。

そんな声を受けて、原料、製法などはもちろん、香味特性やお勧めの飲み方などがひと目でわかり、誰でも簡単に好みの焼酎銘柄を検索できるようにとの願いで生まれたのが本書である。進化を続ける焼酎・泡盛をさらに多くの人に楽しんでいただければ幸いである。

２０１０年７月吉日

監修代表　長田　卓（SSI）

取材・執筆代表　村田郁宏（エルフ）

◉目次

【芋】

月の中……（宮崎県／岩倉酒造場）……52

明月
●特撰明月●ないな……（宮崎県／明石酒造）……53

黒霧島
●吉助〈白〉●吉助〈黒〉●吉助〈赤〉……（宮崎県／霧島酒造）……54

杜氏潤平
●杜氏潤平紅芋華どり●朝掘り……（宮崎県／小玉醸造）……55

日向あくがれ
●黒麹あくがれ●東郷大地の夢●日向あくがれ14°……（宮崎県／富乃露酒造店）……56

尾鈴山山ねこ……（宮崎県／尾鈴山蒸留所）……57

㐂六
●たちばな原酒●たちばな●㐂六無濾過2009年冬期限定酒●爆弾ハナタレ……（宮崎県／黒木本店）……58

桜島
●別撰熟成桜島●あらわざ桜島●貴匠蔵●甕幻……（鹿児島県／本坊酒造）……60

さつま無双赤ラベル
●さつま無双黒ラベル●つわぶき紋次郎……（鹿児島県／さつま無双）……62

相良
●相良仲右衛門……（鹿児島県／相良酒造）……63

千鶴
●いも神……（鹿児島県／神酒造）……64

さつま島美人
●だんだん●さつま島娘……（鹿児島県／長島研醸）……65

黒伊佐錦
●白麹仕込伊佐錦●伊佐錦金山……（鹿児島県／大口酒造）……66

伊佐大泉……（鹿児島県／大山酒造）……67

甕仕込み紫尾の露 ●紫尾の露●美酔焼酎凛●四六の権 〔鹿児島県／軸屋酒造〕 68
鉄幹 ●蛮酒の杯 〔鹿児島県／オガタマ酒造〕 69
村尾 〔鹿児島県／村尾酒造〕 70
さつま五代 ●さつま黒五代 〔鹿児島県／山元酒造〕 71
田苑芋 ●全量芋仕込み島津藩 〔鹿児島県／田苑酒造〕 72
薩摩七夕 ●薩摩黒七夕●鬼火 〔鹿児島県／田崎酒造〕 73
天狗櫻 〔鹿児島県／白石酒造〕 74
伝 ●宇吉●兼重芋 〔鹿児島県／濵田酒造〕 75
金峰櫻井 ●黒櫻井●造り酒屋櫻井●おまち櫻井 〔鹿児島県／櫻井酒造〕 76
小松帯刀 ●かいこうず●吹上芋 〔鹿児島県／吹上焼酎〕 77
富乃宝山 ●天使の誘惑●吉兆宝山●白天宝山●宝山芋麹全量綾紫 〔鹿児島県／西酒造〕 78
晴耕雨讀 ●白麹かめ壺仕込み貯蔵晴耕雨讀●角玉●不二才●不二才醅 〔鹿児島県／佐多宗二商店〕 80
さつま白波 ●黒白波●明治の正中●我は海の子 〔鹿児島県／薩摩酒造〕 82
薩摩乃薫純黒 ●鷲尾●薩摩乃薫●薩摩乃薫かめ壺仕込み純黒 〔鹿児島県／田村〕 83

匠の華 ●麻友子Sweet●白露黒麹●白露白麹●岩いずみ……（鹿児島県／白露酒造）……84
なかむら ●玉露甕仙人●玉露黒麹……（鹿児島県／中村酒造場）……86
いも麹芋 ●蔓無源氏……（鹿児島県／国分酒造協業組合）……87
萬膳 ●萬膳庵●真鶴……（鹿児島県／萬膳酒造）……88
明るい農村 ●赤芋仕込み明るい農村●農家の嫁●百姓百作安納芋……（鹿児島県／霧島町蒸留所）……89
白玉の雫白 ●微風烈風……（鹿児島県／霧島横川酒造）……90
黒麹仕込佐藤 ●佐藤……（鹿児島県／佐藤酒造）……91
白金乃露 ●手造り焼酎石蔵……（鹿児島県／白金酒造）……92
森伊蔵 ●極上森伊蔵……（鹿児島県／森伊蔵酒造）……93
さつま老松 ●ゆうのこころ●極の芋……（鹿児島県／老松酒造）……94
さつま黒若潮……（鹿児島県／若潮酒造）……95
三岳……（鹿児島県／三岳酒造）……96
南泉 ●黒こうじ仕込み南泉●赤米麹宝満●むらさき浪漫……（鹿児島県／上妻酒造）……97
紅一粋……（沖縄県／ヘリオス酒造）……98

【麦】

麦焼酎の基礎知識 …… 100

島の華 ◉35度島の華 ……（東京都／樫立酒造）…… 101

嶋自慢 ……（東京都／宮原）…… 102

麦焼酎達磨黒麹仕込み ……（広島県／中国醸造）…… 103

らんびき25 ◉古酒ゑびす蔵◉けいこうとなるも ……（福岡県／ゑびす酒造）…… 104

こふくろう ◉梟◉白ふくろう ……（福岡県／研醸）…… 105

吾空 ◉是空◉美空 ……（福岡県／喜多屋）…… 106

つくし白ラベル ◉つくし黒ラベル◉釈云麦 ……（福岡県／西吉田酒造）…… 107

時の超越 ◉時の超越38度◉夢乙女 ……（福岡県／紅乙女酒造）…… 108

壱岐スーパーゴールド22 ◉松永安左エ門翁◉壱岐ロイヤル◉壱岐オールド ……（長崎県／玄海酒造）…… 109

山乃守梅 ◉山乃守かめ仕込み◉守政◉島しずく ……（長崎県／山乃守酒造場）…… 110

壹岐の華 ◉壹岐の華昭和仕込◉華秘伝黄金◉初代嘉助レギュラー ……（長崎県／壹岐の華）…… 111

壱岐っ娘Deluxe ◉壱岐っ娘◉壱岐っ娘粋◉大祖 ……（長崎県／壱岐焼酎協業組合）…… 112

杜氏寿福絹子 ●寿福屋作衛門……（熊本県／寿福酒造場）……113
いいちこ ●いいちこ日田全麹●いいちこスペシャル●いいちこフラスコボトル……（大分県／三和酒類）……114
彐焼酎屋兼八 ●宇佐むぎ●彐焼酎屋兼八原酒……（大分県／四ツ谷酒造）……116
大分むぎ焼酎二階堂……（大分県／二階堂酒造）……117
閻魔（樽）赤ラベル ●黒閻魔●常圧閻魔●麹屋伝兵衛……（大分県／老松酒造）……118
銀座のすずめ琥珀 ●銀座のすずめ白麹●銀座のすずめ黒麹……（大分県／八鹿酒造）……119
いいとも黒麹……（宮崎県／雲海酒造）……120
天の刻印 ●麦ピカ白麹●麦ピカ黒麹……（宮崎県／佐藤焼酎製造場）……121
おびの蔵から ●潤の醇……（宮崎県／小玉醸造）……122
百年の孤独 ●中々●陶眠中々……（宮崎県／黒木本店）……123
尾鈴山山猿……（宮崎県／尾鈴山蒸留所）……124
黒むぎ……（鹿児島県／さつま無双）……125
一尋……（鹿児島県／本坊酒造）……126
田苑金ラベル ●田苑ゴールド●田苑麦黒麹（甕壺貯蔵）……（鹿児島県／田苑酒造）……127

隠し蔵 ……〔鹿児島県／濱田酒造〕…… 128
神の河 ……〔鹿児島県／薩摩酒造〕…… 129
一粒の麦 ……〔鹿児島県／西酒造〕…… 130

【米】

米焼酎の基礎知識 …… 132
天厨貴人 ……〔広島県／中国醸造〕…… 133
いごっそう ●龍馬からの伝言米焼酎 ……〔高知県／司牡丹酒造〕…… 134
千年寝坊助 ……〔福岡県／研醸〕…… 135
武者返し ●杜氏きぬ子ハナタレ ……〔熊本県／寿福酒造場〕…… 136
吟香鳥飼 ……〔熊本県／鳥飼酒造〕…… 137
白岳しろ ●白岳●侍宵 ……〔熊本県／高橋酒造〕…… 138
文蔵25度 ●文蔵10年もの●文蔵原酒 ……〔熊本県／木下醸造所〕…… 139
九代目 ●九代目みやもと●萬屋玄 ……〔熊本県／宮元酒造場〕…… 140

豊永蔵　●常圧蒸留豊永蔵●完がこい●一九道……（熊本県／豊永酒造）……141
極楽……（熊本県／林酒造場）……142
特吟六調子　●圓……（熊本県／六調子酒造）……143
女の器量　●精選水鏡無私●蔵出古酒古蔵……（熊本県／松の泉酒造）……144
野うさぎの走り……（宮崎県／黒木本店）……145
山翡翠……（宮崎県／尾鈴山蒸留所）……146
白の匠……（鹿児島県／濵田酒造）……147
白鯨……（鹿児島県／薩摩酒造）……148

【黒糖】

黒糖焼酎の基礎知識……150
彌生　●まんこい●彌生瓶仕込……（鹿児島県／彌生焼酎醸造所）……151
龍宮　●まーらん舟●らんかん……（鹿児島県／富田酒造場）……152
加那　●珊瑚●加那伝説悠々●加那伝説華……（鹿児島県／西平酒造）……153

八千代　●氣白麹仕込み●氣黒麹仕込み●天孫岳……〔鹿児島県／西平本家〕……154
浜千鳥乃詩　●高倉●じょうごJougo……〔鹿児島県／奄美大島酒造〕……155
里の曙……〔鹿児島県／町田酒造〕……156
あまみ長雲　●長雲長期熟成貯蔵●長雲一番橋……〔鹿児島県／山田酒造〕……157
朝日　●壱乃醸朝日●飛乃流朝日●陽出る國の銘酒……〔鹿児島県／朝日酒造〕……158
喜界島　●三年寝太蔵●しまっちゅ伝蔵……〔鹿児島県／喜界島酒造〕……159
稲乃露　●白ゆり40度●えらぶ30度●はなとり20度……〔鹿児島県／沖永良部酒造〕……160
天下一　●水連洞●天下無双●寿……〔鹿児島県／新納酒造〕……161
ブラック奄美　●奄美●黒奄美……〔鹿児島県／奄美酒類〕……162
その他の焼酎の基礎知識……164

【そば】

峠35°　●峠クリスタルオールド●飯綱の風●日本の峠シリーズ……〔長野県／橘倉酒造〕……165

そば雲海黒麹 ●そば雲海●吉兆雲海 ……（宮崎県／雲海酒造）…… 166

そば天照熟成 ……（宮崎県／神楽酒造）…… 167

【酒粕】

本格焼酎浦霞 ……（宮城県／佐浦）…… 168

吟香露 ……（福岡県／杜の蔵）…… 169

辛蒸 ……（鹿児島県／田苑酒造）…… 170

【清酒】

天心 ……（宮崎県／落合酒造場）…… 171

【じゃがいも】

清里セレクション ●北緯44度●浪漫倶楽部●きよさと●摩周の雫 ……（北海道／清里町焼酎醸造事業所）…… 172

【栗】古丹波 ◉深山美栗プレミアム……（兵庫県／西山酒造場）……174

【胡麻】紅乙女25 720角 ◉紅乙女25 720丸……（福岡県／紅乙女酒造）……175

【シソ】鍛高譚……（東京都／オエノングループ 合同酒精）……176

【人参】朱の音……（福岡県／研醸）……177

【大根】ねりま大根焼酎……（宮崎県／落合酒造場）……178

【泡盛】

泡盛の基礎知識 …… 180

瑞泉青龍 ●瑞泉古酒●瑞泉御酒 ……（沖縄県／瑞泉酒造）…… 181

咲元 ●咲元古酒25度●咲元古酒40度 ……（沖縄県／咲元酒造）…… 182

古酒暖流 ●守禮 ……（沖縄県／神村酒造）…… 183

かりゆし ……（沖縄県／新里酒造）…… 184

長期熟成古酒くら ●主三年古酒●淡麗琉球美人●轟 ……（沖縄県／ヘリオス酒造）…… 185

松藤限定古酒 ●赤の松藤黒糖酵母仕込み●粗濾過松藤●30度古酒松藤 ……（沖縄県／崎山酒造廠）…… 186

残波ホワイト ●残波ブラック30度●海の彩30度5年古酒●海の彩35度5年古酒 ……（沖縄県／比嘉酒造）…… 187

一本松 ●北谷長老長期熟成古酒 ……（沖縄県／北谷長老酒造）…… 188

久米島の久米仙でいご ●久米島の久米仙●久米島の久米仙「び」3年古酒●久米島の久米仙ブラウン ……（沖縄県／久米島の久米仙）…… 189

常盤5年古酒 ●伊是名島７２０ ……（沖縄県／伊是名酒造所）…… 190

照島 ……（沖縄県／伊平屋酒造所）…… 191

菊之露 ●菊之露古酒ＶＩＰゴールド●菊之露古酒サザンバレル●菊之露宴 ……（沖縄県／菊之露酒造）…… 192

北海道
稚内
オホーツク海
日本海
清里セレクション P172
清里
旭川
北海道
釧路
札幌
帯広
室蘭
函館
太平洋
青森

岩手
秋田
気仙沼
宮城
石巻
山形
塩竈
本格焼酎浦霞 P168
仙台
山形
太平洋
福島
福島
宮城

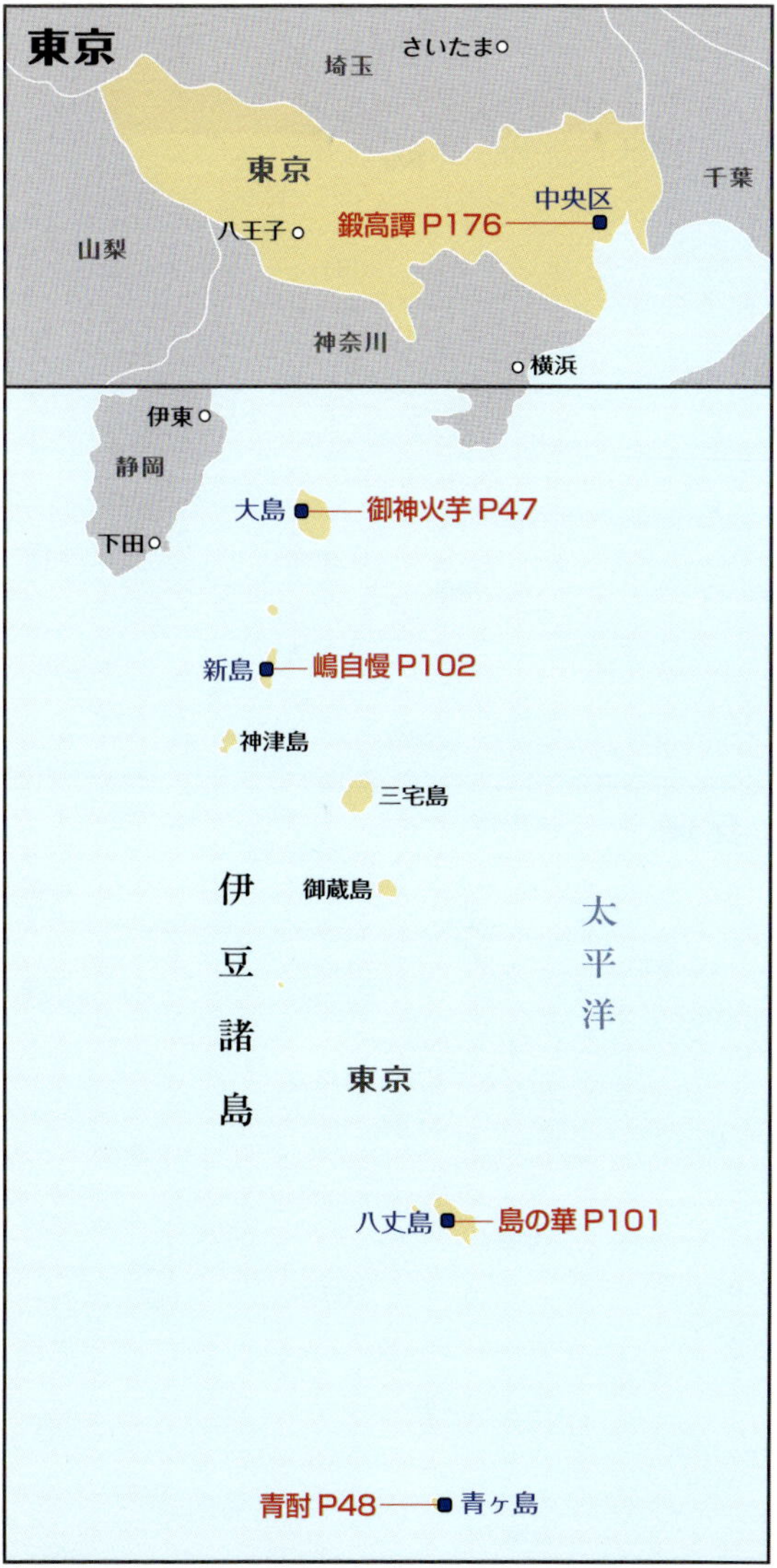
東京
さいたま
埼玉
東京
千葉
中央区
鍛高譚 P176
八王子
山梨
神奈川
横浜
伊東
静岡
大島
御神火芋 P47
下田
新島
嶋自慢 P102
神津島
三宅島
御蔵島
伊豆諸島
太平洋
東京
八丈島
島の華 P101
青酎 P48
青ヶ島

長野
新潟
富山
富山
長野
群馬
上田
前橋
佐久
峠 35° P165
松本
長野
埼玉
岐阜
甲府
東京
飯田
山梨
神奈川
愛知
静岡

兵庫
日本海
福井
鳥取
鳥取
滋賀
京都
古丹波 P174
丹波
兵庫
岡山
京都
大津
姫路
大阪
岡山
神戸
大阪
奈良
淡路
瀬戸内海
高松
奈良
香川
和歌山
和歌山
徳島

広島
鳥取
日本海
島根
浜田
三次
岡山
広島
麦焼酎達磨黒麹仕込み P103
天厨貴人 P133
福山
広島
尾道
廿日市
瀬戸内海
岩国
山口
今治
愛媛

高知
高松
香川
瀬戸内海
今治
徳島
松山
高知
愛媛
高知
佐川
いごっそう P134
宇和島
室戸
四万十
土佐清水
太平洋

山口
らんびき25 P104
こふくろう P105
千年寝坊助 P135
朱の音 P177
福岡
太刀洗
日田
吾空 P106
宇佐
いいちこ P114
焼酎屋兼八 P116
愛媛
日出
大分むぎ焼酎二階堂 P117
九重
銀座のすずめ琥珀 P119
大分
闇魔(樽)赤ラベル P118
大分
熊本
熊本
高千穂
そば天照熟成 P167
延岡
天の刻印 P121
宮崎
日向
日向あくがれ P56
月の中 P52
尾鈴山山ねこ P57
尾鈴山山猿 P124
山翡翠 P146
湯前
錦
多良木
あさぎり
木城
西都
高鍋
㐂六 P58
百年の孤独 P123
野うさぎの走り P145
えびの
宮崎
さつま木挽 P50
黒麹旭萬年 P51
いいとも黒麹 P120
そば雲海黒麹 P166
天心 P171
ねりま大根焼酎 P178
都城
黒霧島 P54
日南
杜氏潤平 P55
おびの蔵から P122
太平洋

壱岐スーパーゴールド22 P109
山乃守梅 P110
壹岐の華 P111
壱岐っ娘Deluxe P112
壱岐
時の超越 P108
吟香露 P169
紅乙女25 720角 P175
佐賀
久留米
佐賀
筑後
つくし白ラベル P107
魔界への誘い P49
鹿島
長崎
長崎
豊永蔵 P141
極楽 P142
文蔵25度 P139
九代目 P140
女の器量 P144
杜氏寿福絹子 P113
武者返し P136
吟香鳥飼 P137
白岳しろ P138
特吟六調子 P143
明月 P53
鹿児島
東シナ海
鹿児島
九州

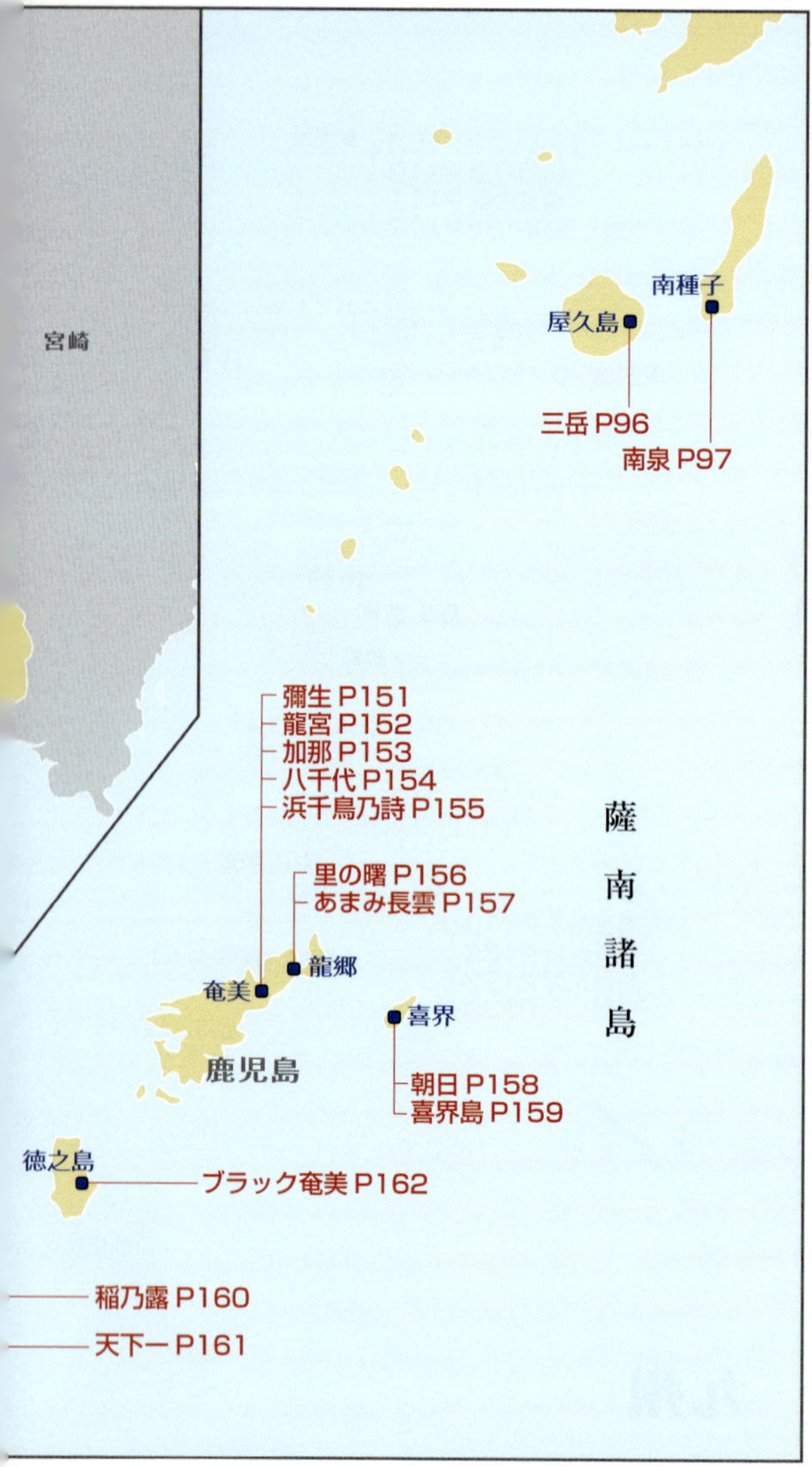
宮崎
南種子
屋久島
三岳 P96
南泉 P97
彌生 P151
龍宮 P152
加那 P153
八千代 P154
浜千鳥乃詩 P155
里の曙 P156
あまみ長雲 P157
薩南諸島
龍郷
奄美
喜界
鹿児島
朝日 P158
喜界島 P159
徳之島
ブラック奄美 P162
稲乃露 P160
天下一 P161

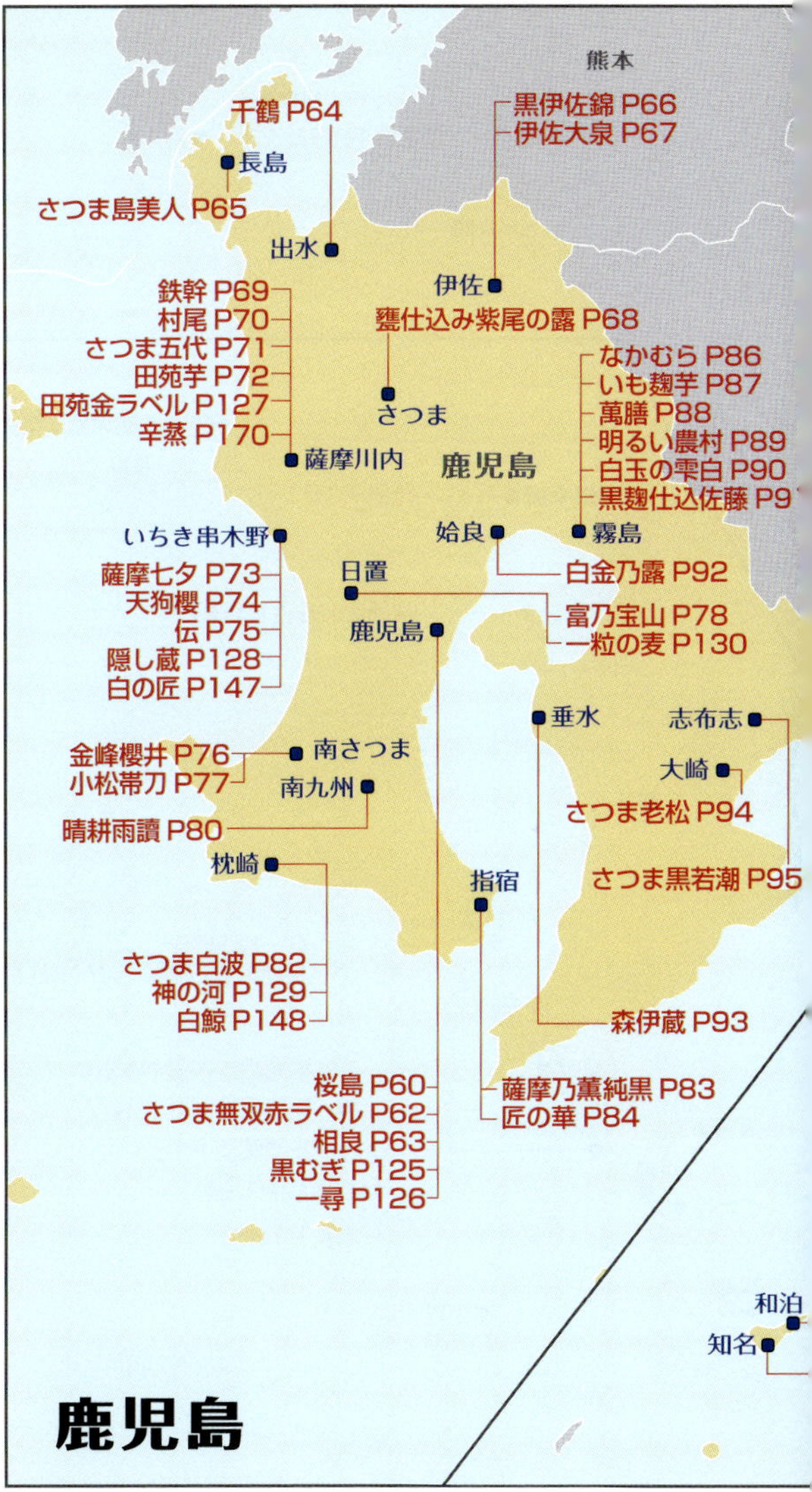
熊本
千鶴 P64
黒伊佐錦 P66
伊佐大泉 P67
長島
さつま島美人 P65
出水
伊佐
鉄幹 P69
村尾 P70
さつま五代 P71
田苑芋 P72
田苑金ラベル P127
辛蒸 P170
甕仕込み紫尾の露 P68
さつま
薩摩川内
鹿児島
なかむら P86
いも麹芋 P87
萬膳 P88
明るい農村 P89
白玉の雫白 P90
黒麹仕込佐藤 P9
霧島
いちき串木野
姶良
白金乃露 P92
日置
薩摩七夕 P73
天狗櫻 P74
伝 P75
隠し蔵 P128
白の匠 P147
鹿児島
富乃宝山 P78
一粒の麦 P130
垂水
志布志
大崎
さつま老松 P94
金峰櫻井 P76
小松帯刀 P77
南さつま
南九州
晴耕雨讀 P80
枕崎
指宿
さつま黒若潮 P95
さつま白波 P82
神の河 P129
白鯨 P148
森伊蔵 P93
桜島 P60
さつま無双赤ラベル P62
相良 P63
黒むぎ P125
一尋 P126
薩摩乃薫純黒 P83
匠の華 P84
和泊
知名
鹿児島

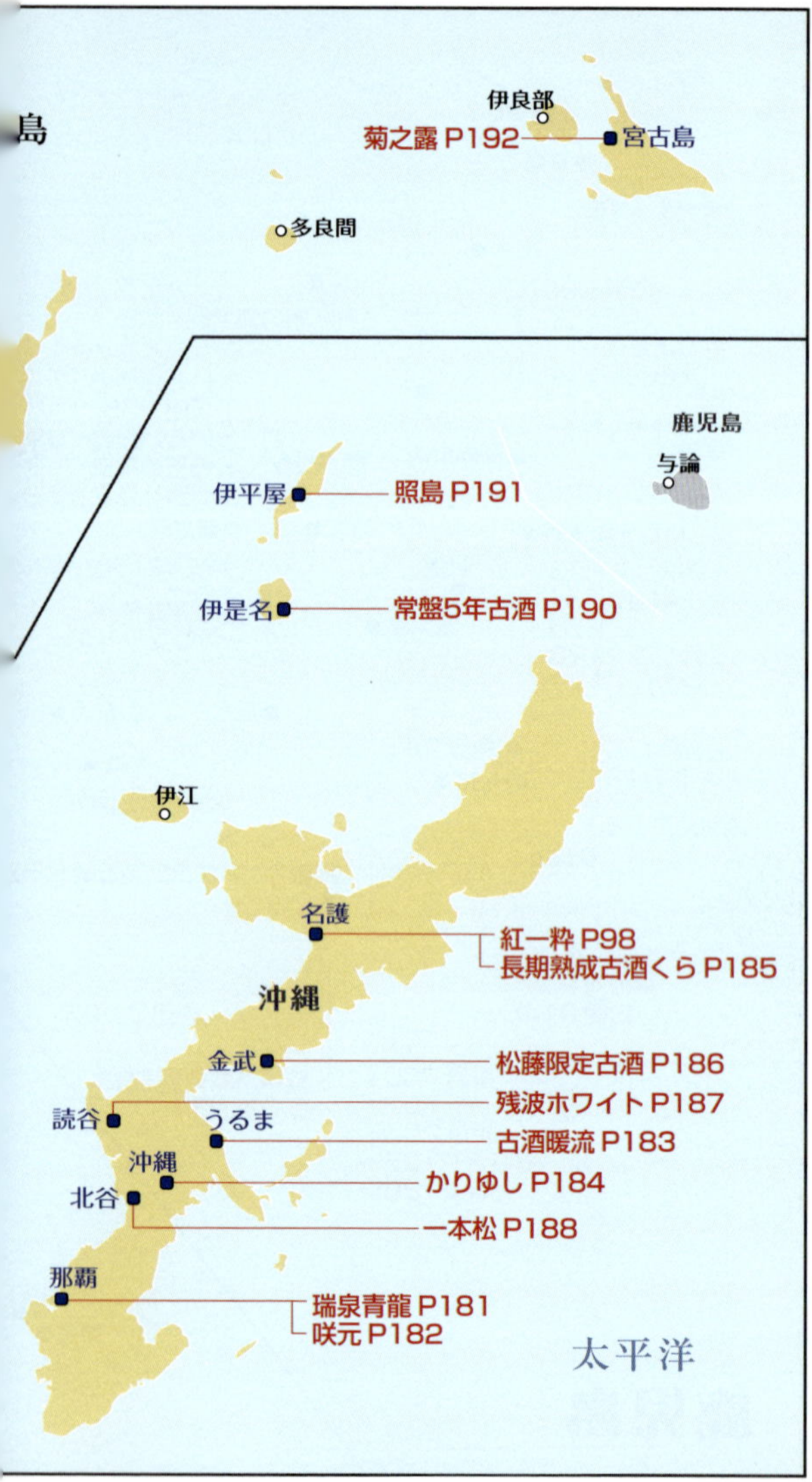
島
伊良部
菊之露 P192
宮古島
多良間
鹿児島
与論
伊平屋
照島 P191
伊是名
常盤5年古酒 P190
伊江
名護
紅一粋 P98
長期熟成古酒くら P185
沖縄
金武
松藤限定古酒 P186
読谷
残波ホワイト P187
うるま
古酒暖流 P183
沖縄
かりゆし P184
北谷
一本松 P188
那覇
瑞泉青龍 P181
咲元 P182
太平洋

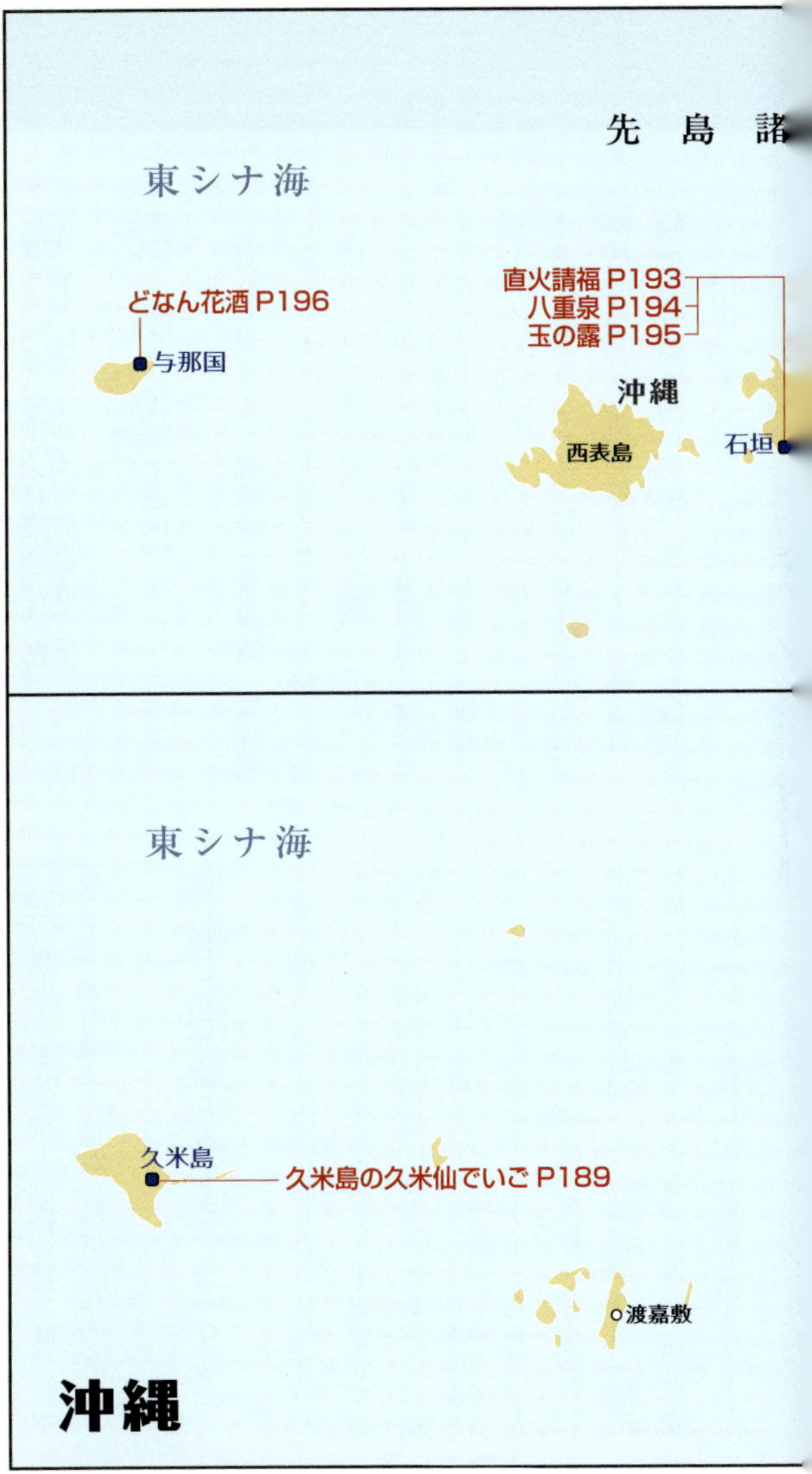
先 島 諸
東シナ海
どなん花酒 P196
与那国
直火請福 P193
八重泉 P194
玉の露 P195
沖縄
西表島
石垣
東シナ海
久米島
久米島の久米仙でいご P189
渡嘉敷
沖縄

焼酎・泡盛の基礎知識

焼酎《しょうちゅう》・泡盛《あわもり》とは

酒を大別すると醸造酒と蒸留酒、混成酒に分けられる。原料をアルコール発酵させただけのものが醸造酒で、日本酒、ビール、ワインなどがそれにあたる。蒸留酒は醸造酒のアルコール分を気化させ、冷却して液体に戻したもので、ウイスキー、ブランデー、ウオッカなどとともに、日本では焼酎と泡盛が代表格だ。混成酒はリキュールと呼ばれ、醸造酒や蒸留酒に果実、香草などを混ぜたり、浸出させたりしたものである。

蒸留酒である焼酎と泡盛の持ち味は、アルコール分の高さと豊かな香気成分である。

焼酎・泡盛の歴史とエリア

蒸留機の発祥は紀元前３０００年といわれるが、蒸留酒が造られていたかは定かではない。本格的に蒸留酒が造られるようになったのは、12~13世紀、特に13~14世紀にかけてヨーロッパで薬として用いられていたのが始まりといわれる。文献に残るのは13世紀の中国が最初。その蒸留酒が日本で本格的に造られるようになったのは、15世紀頃（泡盛）から16世紀（焼酎）頃のようだ。

蒸留機の日本への伝播は、インドシナ半島から琉球、そして薩摩へと伝わったという説が有力であり、九州地方が焼酎産地となった理由もそれでよくわかる。

原料となる特産品の違いから、県ごとに主要焼酎が異なるのも面白い。沖縄県は米麹を原料とした泡盛、鹿児島県はさつまいもの芋焼酎と奄美《あまみ》群島の黒糖焼酎。宮崎県は、さまざまな穀類を使ったバリエーション豊富な焼酎が特徴で、さらに大分県の麦、熊本県の米、長崎県の壱岐《いき》の麦もよく知られるところだ。清酒蔵元も多い佐賀県と福岡県では、酒粕を原料とした粕取《かすとり》焼酎も造られている。これ以外では長野県のそば焼酎や、東京都の伊豆七島で造られる芋、麦焼酎も有名だ。伊豆七島は、19世紀中頃に薩摩藩から島流しにされた回船問屋・丹宗《たんそう》庄右衛門《しょうえもん》が芋焼酎造りを伝授したのが始まりと伝わる。

本格焼酎・泡盛と甲類《こうるい》焼酎

焼酎と一口に言うが、酒税法上の分類によって2つに分けられる。連続式蒸留機で蒸留しアルコール度数36%未満のものを通称「甲類焼酎」、単式蒸留機で蒸留しアルコール度数45%以下のものを通称「本格焼酎・泡盛」と呼ぶ。

[redacted]

甲類焼酎は純度の高さが持ち味で、チューハイやカクテルベースなどで飲まれることが多い。一方、本格焼酎・泡盛は、穀類を原料に造り、原料の風味が生きた個性的な香味が持ち味だ。

すべての蒸留酒の総称であった焼酎の名も、酒税法の規定の中で、新式焼酎と旧式焼酎、焼酎甲類と焼酎乙類、平成18年からは連続式蒸留焼酎と単式蒸留焼酎とさまざまに移り変わるが、飲み手としては「甲類焼酎」と「本格焼酎・泡盛」という名で統一したいところである。

本格焼酎の原料

蒸留酒の中でも特に焼酎は原料の多彩さで群を抜く存在である。芋、麦、米はよく知られているが、奄美群島では黒糖、沖縄（泡盛）ではタイ米から焼酎が造られる。さらに農産物がご当地の名産品という地域では、その特産品を生かした、そば、胡麻《ごま》、栗《くり》、人参《にんじん》など、ありとあらゆる原料が焼酎になる。また、日本酒蔵元などでは、清酒を搾った酒粕《さけかす》を蒸留する方法で焼酎を造るところもある。

麹《こうじ》（黒麹、白麹、黄麹）

麹とは、麹カビ菌を米などに繁殖させ、原料の穀物のデンプンを糖化させるもの。これに酵母（糖分をアルコールに変化させる微生物）を加えアルコール発酵を行うが、特に黒麹菌、白麹菌は雑菌繁殖を抑制させるクエン酸を生成することが大きな特徴だ。

焼酎は麹菌の種類を使い分けるのが特徴で、黒麹菌、白麹菌、黄麹菌の3種類が主に使われている。

黒麹菌は主に泡盛に使用され、クエン酸を大量に生成するため、気温の高い沖縄で安全に焼酎を造り出すために不可欠な存在だ。黒麹菌を使用した焼酎は、しっかりした香味になる傾向がある。

白麹菌は黒麹菌同様にクエン酸を大量に生成し、現在の焼酎造りの主流となっている。黒麹菌に比べて穏やかな香味を生む。

一方、黄麹菌は主に日本酒造りに使用されており、甘味を感じやすく、まろやかな香味を生み出すといわれている。

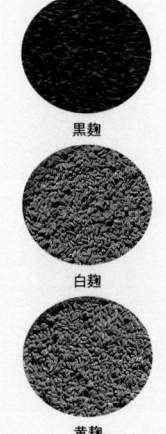

黒麹

白麹

黄麹

蒸留《じょうりゅう》

蒸留とは、混合物を一度蒸発させ、冷却して凝縮させることで沸点の異なる成分を分離することをいう。水とアルコールの混合物である醸造酒では、水の沸点が１００℃に対してアルコールの沸点が78・３℃なので、これを熱すると先にアルコールが蒸発する。これを集めて冷却し、液体に戻したものが蒸留酒だ。焼酎の蒸留には、本格焼酎・泡盛を蒸留する単式蒸留機と甲類焼酎を蒸留する連続式蒸留機が使われる。

さらに単式蒸留には、大別して、通常の大気圧下で蒸留する常圧《じょうあつ》蒸留と、気圧を下

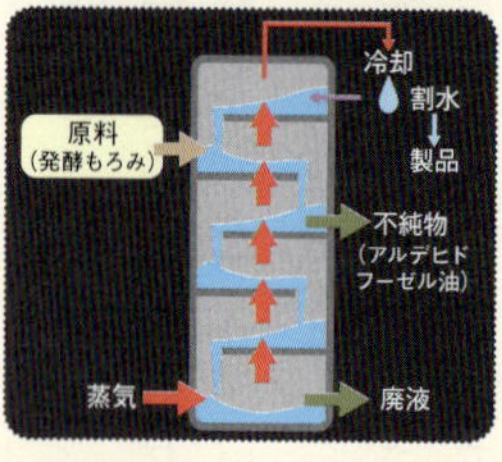

連続式蒸留機（パテントスチル）のしくみ

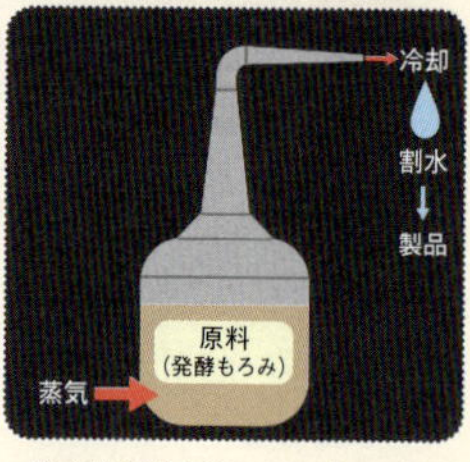

単式蒸留機（ポットスチル）のしくみ

げて低い温度で蒸留する減圧《げんあつ》蒸留の２つの方式がある。常圧は原料由来の香味成分が保たれ濃厚な香味に仕上がり、減圧は沸点が低いため、すっきりとさわやかな香味が印象に残る仕上がりとなるのが特徴である。

貯蔵と熟成

　蒸留したての原酒中にはガス成分が含まれており、飲んだ時に「焼酎が荒々しい」と感じることがある。この原酒をやわらかな仕上がりにするのが貯蔵だ。大量に貯蔵できるタンク貯蔵が主流だが、昔ながらの甕《かめ》や、ウィスキー同様の樫樽で貯蔵する方法もある。甕では焼き物の呼吸作用で熟成が促進され、まろやかに変化し、樽では木の香りが楽しめるものや、木の色が原酒に移って琥珀《こはく》色をした焼酎が出来上がる。長い貯蔵を経たものは、熟成酒（古酒）と呼ばれ、より付加価値の高い一品となる。

タンク貯蔵

樽貯蔵

甕貯蔵

本格焼酎

原料＝水＋麹＋主原料（米、麦、芋など）

泡盛

原料＝水＋麹（タイ米）

約2日間 ←

製麹《せいぎく》

麹（29頁参照）を造る行程を製麹という。麹用の原料は米が主流だが、芋、麦などを使う場合もある。

約5日間 ←

一次仕込み

麹に水と酵母を加え、酵母を増殖させる。およそ5日かけて、一次もろみが完成する。

約7〜14日間 ←

二次仕込み

一次もろみに主原料を加えて本格的に発酵させる（二次もろみとなる）。ここで主原料を何にするかで、焼酎のカテゴリーが決まる（さつまいもなら芋焼酎）。

仕込み

泡盛は、麹、水、酵母だけを使い、1回で仕込むのが特徴（全麹仕込み）。

麹造り

主原料の選別

二次もろみ

← 約1日間 ← 約60日以上 ← 約2日間

蒸留
単式蒸留機で蒸留（29〜30頁参照）

←

貯蔵・熟成

←

割水・調整

←

瓶詰・出荷

本格焼酎・泡盛は、このような流れで造られる。

特に本格焼酎では二次仕込みで主原料を何にするかで焼酎のカテゴリーが決まること、泡盛は黒麹菌を使用し、一次仕込みでできた一次もろみをそのまま蒸留することを覚えておきたい。

味わいと香りで分ける
焼酎の４タイプ分類

本書では、味わいの強弱（シンプルか複雑か）と香りの強弱（高いか低いか）により、まずは焼酎全体を大きく４つの個性に分類しています。それぞれの特徴は下チャートのとおりです。

香りが高い

フレーバータイプ

香りの華やかさ、さわやかさが特徴で、味わいは軽快なものが多い。「清涼な香り」がキーワード。

【適した季節】春、夏

【適した飲み方】ロック、水割り

【適した料理】イタリアン前菜、野菜料理、淡白な和食など

キャラクタータイプ

非常に重厚な香味が特徴。特別な製法のものや熟成させたもの、樫樽で貯蔵したものなどが該当。「個性的」がキーワード。

【適した季節】通年、特に冬

【適した飲み方】ロック、ストレート

【適した料理】熟成した生ハム、スパイシー料理など

味がシンプル　　味が複雑

ライトタイプ

焼酎の中では最も軽快な香味が特徴。飲み方を選ばず「スッキリ感」がキーワード。

【適した季節】通年、特に夏

【適した飲み方】カクテル、水割り、お湯割り

【適した料理】和洋中問わず相性の幅は広い

リッチタイプ

最も味わい深いタイプ。伝統的な製法で醸された焼酎に多く、「コク」がキーワード。

【適した季節】秋、冬

【適した飲み方】お湯割り、ストレート、ロック

【適した料理】九州各地の郷土料理、中国料理、発酵食品など

香りが低い

焼酎全体で見た場合の香味のポジショニング

本書では、香味の複雑性（ボディ）を10段階にポジショニングしていますが、これは「焼酎全体で見た場合」のポジショニングであり、実際は原料や製法によっておおよそ下のチャートのように段階の幅があります（例外もある）。したがって、例えば麦では「5」が中間的な香味となりますが、泡盛の中で見れば「5」は最もシンプルな香味となります。

次ページからのリストは、まず右ページの4タイプ分類をした上で、香味のポジショニングでシンプルなものから複雑なものへという順で並べていますが、これは「焼酎全体で見た場合」のポジショニングであることを注意した上でご活用ください。

← 香味がシンプル　　香味が複雑 →

	1	2	3	4	5	6	7	8	9	10
芋	—	—								—
麦										
米										—
黒糖	—	—							—	—
その他								—	—	—
泡盛	—	—	—	—						

焼酎全体から見た香味のポジション

ライトタイプ

位置	銘柄	産地	原料	ページ
1	いいちこ	〈大分県〉	【麦】	114
	銀座のすずめ白麹	〈大分県〉	【麦】	119
	白岳しろ	〈熊本県〉	【米】	138
	白岳	〈熊本県〉	【米】	138
	そば天照熟成	〈宮崎県〉	【そば】	167
2	大分むぎ焼酎二階堂	〈大分県〉	【麦】	117
	銀座のすずめ黒麹	〈大分県〉	【麦】	119
	そば雲海黒麹	〈宮崎県〉	【そば】	166
	そば雲海	〈宮崎県〉	【そば】	166
	きよさと	〈北海道〉	【じゃがいも】	173
	ねりま大根焼酎	〈宮崎県〉	【大根】	178
3	さつま島娘	〈鹿児島県〉	【芋】	65
	麦焼酎達磨黒麹仕込み	〈広島県〉	【麦】	103
	つくし白ラベル	〈福岡県〉	【麦】	107
	いいとも黒麹	〈宮崎県〉	【麦】	120
	天の刻印	〈宮崎県〉	【麦】	121
	麦ピカ白麹	〈宮崎県〉	【麦】	121
	麦ピカ黒麹	〈宮崎県〉	【麦】	121
	おびの蔵から	〈宮崎県〉	【麦】	122
	千年寝坊助	〈福岡県〉	【米】	135
	一九道	〈熊本県〉	【米】	141
	女の器量	〈熊本県〉	【米】	144
	精選水鏡無私	〈熊本県〉	【米】	144
	飯綱の風	〈長野県〉	【そば】	165
	日本の峠シリーズ	〈長野県〉	【そば】	165
	天心	〈宮崎県〉	【清酒】	171
4	朝堀り	〈宮崎県〉	【芋】	55
	さつま島美人	〈鹿児島県〉	【芋】	65
	岩いずみ	〈鹿児島県〉	【芋】	85
	中々	〈宮崎県〉	【麦】	123
	天厨貴人	〈広島県〉	【米】	133
	吉兆雲海	〈宮崎県〉	【そば】	166
5	ないな	〈宮崎県〉	【芋】	53
	摩周の雫	〈北海道〉	【じゃがいも】	173
6	日向あくがれ14°	〈宮崎県〉	【芋】	56

フレーバータイプ

位置	銘柄	産地	原料	ページ
2	鍛高譚	〈東京都〉	【シソ】	176
3	いも神	〈鹿児島県〉	【芋】	64
	いも麹芋	〈鹿児島県〉	【芋】	87
	吟香鳥飼	〈熊本県〉	【米】	137
	豊永蔵	〈熊本県〉	【米】	141

4			
里の曙	〈鹿児島県〉	【黒糖】	156
はなとり20度	〈鹿児島県〉	【黒糖】	160
吟香露	〈福岡県〉	【酒粕】	169
辛蒸	〈鹿児島県〉	【酒粕】	170
古丹波	〈兵庫県〉	【栗】	174
朱の音	〈福岡県〉	【人参】	177
吉助〈赤〉	〈宮崎県〉	【芋】	54
尾鈴山山ねこ	〈宮崎県〉	【芋】	57
村尾	〈鹿児島県〉	【芋】	70
全量芋仕込み島津藩	〈鹿児島県〉	【芋】	72
おまち櫻井	〈鹿児島県〉	【芋】	76
我は海の子	〈鹿児島県〉	【芋】	82
麻友子 Sweet	〈鹿児島県〉	【芋】	85
赤芋仕込み明るい農村	〈鹿児島県〉	【芋】	89
森伊蔵	〈鹿児島県〉	【芋】	93
むらさき浪漫	〈鹿児島県〉	【芋】	97
山翡翠	〈宮崎県〉	【米】	146
白の匠	〈鹿児島県〉	【米】	147
白鯨	〈鹿児島県〉	【米】	148
じょうご Jougo	〈鹿児島県〉	【黒糖】	155
飛乃流朝日	〈鹿児島県〉	【黒糖】	158
本格焼酎浦霞	〈宮城県〉	【酒粕】	168

5			
特撰明月	〈宮崎県〉	【芋】	53
伝	〈鹿児島県〉	【芋】	75
角玉	〈鹿児島県〉	【芋】	81
夢乙女	〈福岡県〉	【麦】	108
白麹かめ壺仕込み貯蔵晴耕雨讀	〈鹿児島県〉	【芋】	81
6			
匠の華	〈鹿児島県〉	【芋】	84

リッチタイプ

4			
吉助〈白〉	〈宮崎県〉	【芋】	54
白玉の雫白	〈鹿児島県〉	【芋】	90
白金乃露	〈鹿児島県〉	【芋】	92
さつま老松	〈鹿児島県〉	【芋】	94
壱岐っ娘	〈長崎県〉	【麦】	112
宇佐むぎ	〈大分県〉	【麦】	116
陶眠中々	〈宮崎県〉	【麦】	123
一粒の麦	〈鹿児島県〉	【麦】	130
待宵	〈熊本県〉	【米】	138
九代目	〈熊本県〉	【米】	140
峠35°	〈長野県〉	【そば】	165
峠クリスタルオールド40°	〈長野県〉	【そば】	165
5			
さつま木挽	〈宮崎県〉	【芋】	50

5

吉助〈黒〉……〈宮崎県〉…【芋】……54
黒霧島……〈宮崎県〉…【芋】……54
杜氏潤平……〈宮崎県〉…【芋】……55
あらわざ桜島……〈鹿児島県〉…【芋】……61
千鶴……〈鹿児島県〉…【芋】……64
だんだん……〈鹿児島県〉…【芋】……65
伊佐錦金山……〈鹿児島県〉…【芋】……66
甕仕込み紫尾の露……〈鹿児島県〉…【芋】……68
紫尾の露……〈鹿児島県〉…【芋】……68
四六の権……〈鹿児島県〉…【芋】……68
薩摩七夕……〈鹿児島県〉…【芋】……73
宇吉……〈鹿児島県〉…【芋】……75
造り酒屋櫻井……〈鹿児島県〉…【芋】……76
小松帯刀……〈鹿児島県〉…【芋】……77
かいこうず……〈鹿児島県〉…【芋】……77
晴耕雨讀……〈鹿児島県〉…【芋】……80
玉露甕仙人……〈鹿児島県〉…【芋】……86
萬膳庵……〈鹿児島県〉…【芋】……88
明るい農村……〈鹿児島県〉…【芋】……89
百姓百作安納芋……〈鹿児島県〉…【芋】……89
微風烈風……〈鹿児島県〉…【芋】……90
佐藤……〈鹿児島県〉…【芋】……91
極上森伊蔵……〈鹿児島県〉…【芋】……93
ゆうのこころ……〈鹿児島県〉…【芋】……94
赤米麹宝満……〈鹿児島県〉…【芋】……97
こふくろう……〈福岡県〉…【麦】……105
壱岐っ娘粋……〈長崎県〉…【麦】……112
いいちこフラスコボトル……〈大分県〉…【麦】……115
黒閻魔……〈大分県〉…【麦】……118
潤の醇……〈宮崎県〉…【麦】……122
尾鈴山山猿……〈宮崎県〉…【麦】……124
黒むぎ……〈鹿児島県〉…【麦】……125
一尋……〈鹿児島県〉…【麦】……126
田苑麦黒麹（甕壺貯蔵）……〈鹿児島県〉…【麦】……127
特吟六調子……〈熊本県〉…【米】……143
野うさぎの走り……〈宮崎県〉…【米】……145
淡麗琉球美人……〈沖縄県〉…【泡盛】……185
残波ホワイト……〈沖縄県〉…【泡盛】……187

6

御神火いも太郎……〈東京都〉…【芋】……47
魔界への誘い……〈佐賀県〉…【芋】……49
黒麹芋原酒魔界への誘い……〈佐賀県〉…【芋】……49
さつま木挽黒麹仕込み……〈宮崎県〉…【芋】……50
薩摩古秘……〈宮崎県〉…【芋】……50
月の中……〈宮崎県〉…【芋】……52

明月……〈宮崎県〉……【芋】……53
日向あくがれ……〈宮崎県〉……【芋】……56
㐂六……〈宮崎県〉……【芋】……58
たちばな……〈宮崎県〉……【芋】……59
桜島……〈鹿児島県〉……【芋】……60
別撰熟成桜島……〈鹿児島県〉……【芋】……61
さつま無双赤ラベル……〈鹿児島県〉……【芋】……62
白麹仕込伊佐錦……〈鹿児島県〉……【芋】……66
伊佐大泉……〈鹿児島県〉……【芋】……67
美酔焼酎凜……〈鹿児島県〉……【芋】……68
さつま五代……〈鹿児島県〉……【芋】……71
田苑芋……〈鹿児島県〉……【芋】……72
薩摩黒七夕……〈鹿児島県〉……【芋】……73
鬼火……〈鹿児島県〉……【芋】……73
兼重芋……〈鹿児島県〉……【芋】……75
金峰櫻井……〈鹿児島県〉……【芋】……76
黒櫻井……〈鹿児島県〉……【芋】……76
さつま白波……〈鹿児島県〉……【芋】……82
鷲尾……〈鹿児島県〉……【芋】……83
薩摩乃薫……〈鹿児島県〉……【芋】……83
白露白麹……〈鹿児島県〉……【芋】……85
なかむら……〈鹿児島県〉……【芋】……86

玉露黒麹……〈鹿児島県〉……【芋】……86
蔓無源氏……〈鹿児島県〉……【芋】……87
真鶴……〈鹿児島県〉……【芋】……88
農家の嫁……〈鹿児島県〉……【芋】……89
さつま黒若潮……〈鹿児島県〉……【芋】……95
南泉……〈鹿児島県〉……【芋】……97
黒こうじ仕込み南泉……〈鹿児島県〉……【芋】……97
紅一粋……〈沖縄県〉……【芋】……98
島の華……〈東京都〉……【麦】……101
嶋自慢……〈東京都〉……【麦】……102
けいこうとなるも……〈福岡県〉……【麦】……104
つくし黒ラベル……〈福岡県〉……【麦】……107
壱岐オールド……〈長崎県〉……【麦】……109
壹岐の華……〈長崎県〉……【麦】……111
初代嘉助レギュラー……〈長崎県〉……【麦】……111
大祖……〈長崎県〉……【麦】……112
杜氏寿福絹子……〈熊本県〉……【麦】……113
いいちこ日田全麹……〈大分県〉……【麦】……115
轟……〈沖縄県〉……【泡盛】……185
残波ブラック30度……〈沖縄県〉……【泡盛】……187
一本松……〈沖縄県〉……【泡盛】……188
久米島の久米仙ブラウン……〈沖縄県〉……【泡盛】……189

6

伊是名島720……〈沖縄県〉……【泡盛】……190
八重泉……〈沖縄県〉……【泡盛】……194
黒真珠……〈沖縄県〉……【泡盛】……194

7

御神火芋……〈東京都〉……【芋】……47
御神火三年寝いも太郎……〈東京都〉……【芋】……47
瓶内熟成魔界への誘い……〈佐賀県〉……【芋】……49
黒麹旭萬年……〈宮崎県〉……【芋】……51
白麹旭萬年……〈宮崎県〉……【芋】……51
東郷大地の夢……〈宮崎県〉……【芋】……56
黒麹あくがれ……〈宮崎県〉……【芋】……56
貴匠蔵……〈鹿児島県〉……【芋】……61
甕幻……〈鹿児島県〉……【芋】……61
さつま無双黒ラベル……〈鹿児島県〉……【芋】……62
つわぶき紋次郎……〈鹿児島県〉……【芋】……62
相良……〈鹿児島県〉……【芋】……63
黒伊佐錦……〈鹿児島県〉……【芋】……66
鉄幹……〈鹿児島県〉……【芋】……69
さつま黒五代……〈鹿児島県〉……【芋】……71
天狗櫻……〈鹿児島県〉……【芋】……74
吹上芋……〈鹿児島県〉……【芋】……77
不二才……〈鹿児島県〉……【芋】……81
黒白波……〈鹿児島県〉……【芋】……82
明治の正中……〈鹿児島県〉……【芋】……82
薩摩乃薫かめ壺仕込み純黒……〈鹿児島県〉……【芋】……83
白露黒麹……〈鹿児島県〉……【芋】……85
萬膳……〈鹿児島県〉……【芋】……88
黒麹仕込佐藤……〈鹿児島県〉……【芋】……91
手造り焼酎石蔵……〈鹿児島県〉……【芋】……92
三岳……〈鹿児島県〉……【芋】……96
釈云麦……〈福岡県〉……【麦】……107
山乃守梅……〈長崎県〉……【麦】……110
山乃守かめ仕込み……〈長崎県〉……【麦】……110
壹岐の華昭和仕込……〈長崎県〉……【麦】……111
極楽……〈熊本県〉……【米】……142
咲元……〈沖縄県〉……【泡盛】……182
守禮……〈沖縄県〉……【泡盛】……183
かりゆし……〈沖縄県〉……【泡盛】……184
主三年古酒……〈沖縄県〉……【泡盛】……185
赤の松藤黒糖酵母仕込み……〈沖縄県〉……【泡盛】……186
北谷長老長期熟成古酒……〈沖縄県〉……【泡盛】……188
久米島の久米仙「び」3年古酒……〈沖縄県〉……【泡盛】……189
菊之露宴……〈沖縄県〉……【泡盛】……192
直火請福……〈沖縄県〉……【泡盛】……193
玉の露……〈沖縄県〉……【泡盛】……195

8

銘柄	産地	原料	頁
さつま木挽原酒	〈宮崎県〉	【芋】	50
たちばな原酒	〈宮崎県〉	【芋】	59
㐂六無濾過（2009年冬期限定酒）	〈宮崎県〉	【芋】	59
相良仲右衛門	〈鹿児島県〉	【芋】	63
蛮酒の杯	〈鹿児島県〉	【芋】	69
不二才醅	〈鹿児島県〉	【芋】	81
薩摩乃薫純黒	〈鹿児島県〉	【芋】	83
極の芋	〈鹿児島県〉	【芋】	94
守政	〈長崎県〉	【麦】	110
島しずく	〈長崎県〉	【麦】	110
武者返し	〈熊本県〉	【米】	136
文蔵25度	〈熊本県〉	【米】	139
萬屋玄	〈熊本県〉	【米】	140
常圧蒸留豊永蔵	〈熊本県〉	【米】	141
瑞泉青龍	〈沖縄県〉	【泡盛】	181
久米島の久米仙	〈沖縄県〉	【泡盛】	189
照島	〈沖縄県〉	【泡盛】	191
菊之露	〈沖縄県〉	【泡盛】	192
どなん30度	〈沖縄県〉	【泡盛】	196

9

銘柄	産地	原料	頁
杜氏潤平紅芋華どり	〈宮崎県〉	【芋】	55
爆弾ハナタレ	〈宮崎県〉	【芋】	59
吉兆宝山	〈鹿児島県〉	【芋】	79

10

銘柄	産地	原料	頁
白天宝山	〈鹿児島県〉	【芋】	79
いごっそう	〈高知県〉	【米】	134
文蔵10年もの	〈熊本県〉	【米】	139
文蔵原酒	〈熊本県〉	【米】	139
瑞泉御酒	〈沖縄県〉	【泡盛】	181
どなん島米古酒30度	〈沖縄県〉	【泡盛】	196
請福ビンテージ43度	〈沖縄県〉	【泡盛】	193

キャラクタータイプ

3

銘柄	産地	原料	頁
紅乙女25 720角	〈福岡県〉	【胡麻】	175
紅乙女25 720丸	〈福岡県〉	【胡麻】	175

5

銘柄	産地	原料	頁
清里セレクション	〈北海道〉	【じゃがいも】	172
北緯44度	〈北海道〉	【じゃがいも】	173

6

銘柄	産地	原料	頁
時の超越	〈福岡県〉	【麦】	108
ヨ焼酎屋兼八	〈大分県〉	【麦】	116
閻魔（樽）赤ラベル	〈大分県〉	【麦】	118
常圧閻魔	〈大分県〉	【麦】	118
彌生瓶仕込	〈鹿児島県〉	【黒糖】	151
八千代	〈鹿児島県〉	【黒糖】	154
氣白麹仕込み	〈鹿児島県〉	【黒糖】	154
朝日	〈鹿児島県〉	【黒糖】	158
壱乃醸朝日	〈鹿児島県〉	【黒糖】	158

6

喜界島……〈鹿児島県〉…【黒糖】……159
稲乃露……〈鹿児島県〉…【黒糖】……160
えらぶ30度……〈鹿児島県〉…【黒糖】……160
奄美……〈鹿児島県〉…【黒糖】……162
深山美栗プレミアム……〈兵庫県〉…【栗】……174
長期熟成古酒くら……〈沖縄県〉…【泡盛】……185

7

富乃宝山……〈鹿児島県〉…【芋】……78
35度島の華……〈東京都〉…【麦】……101
らんびき25……〈福岡県〉…【麦】……104
吾空……〈福岡県〉…【麦】……106
華秘伝黄金……〈長崎県〉…【麦】……111
壱岐っ娘 Deluxe……〈長崎県〉…【麦】……112
いいちこスペシャル……〈大分県〉…【麦】……115
銀座のすずめ琥珀……〈大分県〉…【麦】……119
神の河……〈鹿児島県〉…【麦】……129
完がこい……〈熊本県〉…【米】……141
彌生……〈鹿児島県〉…【黒糖】……151
龍宮……〈鹿児島県〉…【黒糖】……152
珊瑚……〈鹿児島県〉…【黒糖】……153
浜千鳥乃詩……〈鹿児島県〉…【黒糖】……155
高倉……〈鹿児島県〉…【黒糖】……155
あまみ長雲……〈鹿児島県〉…【黒糖】……157

長雲長期熟成貯蔵……〈鹿児島県〉…【黒糖】……157
長雲一番橋……〈鹿児島県〉…【黒糖】……157
三年寝太蔵……〈鹿児島県〉…【黒糖】……159
ブラック奄美……〈鹿児島県〉…【黒糖】……162
黒奄美……〈鹿児島県〉…【黒糖】……162
浪漫倶楽部……〈北海道〉…【じゃがいも】…173
咲元古酒25度……〈沖縄県〉…【泡盛】……182
海の彩30度5年古酒……〈沖縄県〉…【泡盛】……187

8

古酒ゑびす蔵……〈福岡県〉…【麦】……104
是空……〈福岡県〉…【麦】……106
美空……〈福岡県〉…【麦】……106
時の超越38度……〈福岡県〉…【麦】……108
松永安左エ門翁……〈長崎県〉…【麦】……109
壱岐スーパーゴールド22……〈長崎県〉…【麦】……109
ヨ焼酎屋兼八原酒……〈大分県〉…【麦】……116
田苑金ラベル……〈鹿児島県〉…【麦】……127
田苑ゴールド……〈鹿児島県〉…【麦】……127
隠し蔵……〈鹿児島県〉…【麦】……128
龍馬からの伝言米焼酎……〈高知県〉…【米】……134
蔵出古酒古蔵……〈熊本県〉…【米】……144
まんこい……〈鹿児島県〉…【黒糖】……151
まーらん舟……〈鹿児島県〉…【黒糖】……152

らんかん……〈鹿児島県〉……【黒糖】……152
加那……〈鹿児島県〉……【黒糖】……153
加那伝説悠々……〈鹿児島県〉……【黒糖】……153
加那伝説華……〈鹿児島県〉……【黒糖】……153
氣黒麹仕込み……〈鹿児島県〉……【黒糖】……154
天孫岳……〈鹿児島県〉……【黒糖】……154
陽出る國の銘酒……〈鹿児島県〉……【黒糖】……158
しまっちゅ伝蔵……〈鹿児島県〉……【黒糖】……159
白ゆり40度……〈鹿児島県〉……【黒糖】……160
天下一……〈鹿児島県〉……【黒糖】……161
水連洞……〈鹿児島県〉……【黒糖】……161
天下無双……〈鹿児島県〉……【黒糖】……161
寿……〈鹿児島県〉……【黒糖】……161
古酒暖流……〈沖縄県〉……【泡盛】……183
30度古酒松藤……〈沖縄県〉……【泡盛】……186
海の彩35度5年古酒……〈沖縄県〉……【泡盛】……187
菊之露古酒サザンバレル……〈沖縄県〉……【泡盛】……192

9

青酎……〈東京都〉……【芋】……48
天使の誘惑……〈鹿児島県〉……【芋】……79
宝山芋麹全量綾紫……〈鹿児島県〉……【芋】……79
梟……〈福岡県〉……【麦】……105
白ふくろう……〈福岡県〉……【麦】……105

壱岐ロイヤル……〈長崎県〉……【麦】……109
麹屋伝兵衛……〈大分県〉……【麦】……118
杜氏きぬ子ハナタレ……〈熊本県〉……【米】……136
九代目みやもと……〈熊本県〉……【米】……140
圓……〈熊本県〉……【米】……143
瑞泉古酒……〈沖縄県〉……【泡盛】……181
咲元古酒40度……〈沖縄県〉……【泡盛】……182
松藤限定古酒……〈沖縄県〉……【泡盛】……186
粗濾過松藤……〈沖縄県〉……【泡盛】……186
常盤5年古酒……〈沖縄県〉……【泡盛】……190
菊之露古酒VIPゴールド……〈沖縄県〉……【泡盛】……192

10

寿福屋作衛門……〈熊本県〉……【麦】……113
百年の孤独……〈宮崎県〉……【麦】……123
久米島の久米仙でいご……〈沖縄県〉……【泡盛】……189
八重泉樽貯蔵……〈沖縄県〉……【泡盛】……194
どなん花酒……〈沖縄県〉……【泡盛】……196
どなん60度古酒……〈沖縄県〉……【泡盛】……196

◉本書の使い方

原料名
銘柄によってはブレンドしているものもありますが、主要な原料を表示しました。

焼酎名

都道府県名

蔵元名

蔵元の電話番号

蔵元の住所

蔵元の創業年

希望小売価格(税込)
2010年7月現在の蔵元希望価格です。小売店によって異なる値付けをしている場合、年によって変動する場合があります。また地方価格などを表示しているものもあります。

アルコール度数

原料

麹菌

蒸留方式

百年の孤独《ひゃくねんのこどく》

麦　宮崎県

(株) 黒木本店
0983-23-0104
宮崎県児湯郡高鍋町大字北高鍋776
明治18年(1885)創業

麦焼酎のイメージを一新した
洋酒感覚で飲める絶品焼酎

希望小売価格　720㎖ 2950円

度数……40%
原料……二条大麦
麹菌……麦麹(白)
蒸留方式…常圧・減圧

「世界の蒸留酒と同じように飲んでもらえる焼酎」がコンセプト。洋酒感覚でお洒落に楽しめる。まずはストレートかロックで飲みたいが、水割りやお湯割りでも豊かな風味を堪能できる。

キャラクター　シンプル　複雑
ストレート◎　ロック◎　水割り○　お湯割り○

蔵元の代表銘柄「百年の孤独」は、九州産大麦を原料にした原酒をオーク樽に貯蔵して熟成させたもの。淡い琥珀色で、香りも洋酒に近い。ガルシア・マルケスの著作「百年の孤独」に由来したネーミングも評判を呼び、全国的知名度を獲得。発売以来25年を経ても人気は衰えることを知らない。

当醸造所のおもなラインナップ

中々《なかなか》
720㎖ 1020円 1.8ℓ 1980円/25%/二条大麦/麦麹(白)/減圧
ライトタイプで飲みやすいが、「百年の孤独」の原酒になるため、長期貯蔵に耐えられるようしっかりとコクを残している。ロックかお湯割りが最適。
ライト　シンプル　複雑
ストレート○　ロック◎　水割り○　お湯割り○

陶眠中々《とうみんなかなか》
720㎖ 2100円/28%/二条大麦/麦麹(白)/常圧、減圧
原酒をアルコール度数28%に割り水したもので、約1年半熟成することで麦の甘い香りが快い一品に仕上がっている。
リッチ　シンプル　複雑
ストレート○　ロック◎　水割り○　お湯割り○

123

当醸造所の主要ラインナップ
写真で紹介したもの以外の、蔵元がお勧めする主な銘柄です。

香味のポジショニング
香味がシンプルか複雑かを表示しています。(⇒P35参照)

焼酎の4タイプ分類
ライトタイプ(スッキリ感)、フレーバータイプ(清涼な香り)、リッチタイプ(コクがある)、キャラクタータイプ(個性的)の4タイプに分類しています。(⇒P34参照)

お勧めの飲み方
お勧めの順で◎→○→△で表示していますが、飲み方の好みには個人差がありますので、あくまで参考としてご活用ください。

芋

Imo

芋焼酎の基礎知識

お湯割りの魅力を知る

　現在ではじゃがいも、山いもなどの焼酎も造られるが、芋焼酎とはさつまいもを原料とする蒸留酒を指す。この芋（さつまいも）は、中南米を原産とするが、日本へはフィリピンから中国、琉球を経て伝わったといわれる。鹿児島へは18世紀初頭に伝わり、芋焼酎の歴史はそこから始まる。特に幕末の藩主・島津斉彬が奨励し、一躍鹿児島焼酎の代名詞となるほどの存在になる。

　芋焼酎の楽しさは、種類豊富な原料にある。焼酎に最も適しているといわれる黄金千《こがねせん》貫《がん》が主流だが、安納芋《あんのういも》、紅東《べにあずま》、綾紫《あやむらさき》、ジョイホワイト、蔓無源氏《つるなしげんじ》、大地の夢など、香りや甘さ、熟成向きといった個性を持つ品種がさまざまに開発され、それぞれの特性を引き出した銘柄が生まれている。

　近年では、軽快で華やかなタイプから重厚で芋らしいコクを持ったタイプとバリエーションは豊富で、飲み方もさまざまだが、芋焼酎を飲むなら、お湯割りのおいしさを知るべきだろう。本場鹿児島では、6：4、5：5などに割って、45℃～50℃ぐらいの温度で楽しまれる。また、黒千代香《くろじょか》など伝統的な酒器を使って、雰囲気ごと楽しむのも芋焼酎ならではの醍醐味である。

御神火芋《ごじんかいも》

芋　東京都

(有)谷口酒造
☎04992-2-1726
東京都大島町野増ワダ167
昭和10年代後半創業

三原山の噴煙から名付けられた芋の甘さを堪能できる島酒

希望小売価格　720mℓ 1580円

度数………25%
原料………芋(茨城産無農薬紅東)、麦
麹菌………麦麹(白)
蒸留方式…常圧

芋と麦をブレンドして仕込むのも特徴。トロミ感が他の芋焼酎とは一味違う味わいを醸し出す。焼酎多めのお湯割りが抜群。

リッチ	シンプル ---□□□□■□□- 複雑		
ストレート○	ロック○	水割り○	お湯割り◎

伊豆大島唯一の造り酒屋で、生産規模は小さいが、うまい焼酎を造ると評判。「御神火」の名で芋のほか麦も醸造。ともに独特な風味と個性的な味わいが光る。「御神火芋」は米麹でなく麦麹を使うのが創業以来の手法。繊細な味と香りが特徴だ。三代目当主の谷口英久氏は文筆家としても活躍。

当醸造所のおもなラインナップ

御神火《ごじんか》いも太郎《たろう》

500mℓ 2100円(販売は店舗のみ)/25%/芋(茨城産有機紅東)/麦麹(白)/常圧

蒸留酒には珍しいにごり酒。驚くほど芋の甘い香りが豊かで、口当たりもまろやか。後味はすっきりしている。

リッチ	シンプル ---□□□■□□□- 複雑		
ストレート○	ロック○	水割り○	お湯割り◎

御神火《ごじんか》三年《さんねん》寝《ね》いも太郎《たろう》

500mℓ 3150円(販売は店舗のみ)/20%/芋(茨城産無農薬紅東)/麦麹(白)/常圧

御神火芋を3年間じっくり寝かせて、上質の滑らかさを実現した逸品。生産量少なく貴重。

リッチ	シンプル ---□□□□■□□- 複雑		
ストレート○	ロック○	水割り○	お湯割り◎

青酎《あおちゅう》

東京都　芋

青ヶ島酒造（資）
☎04996-9-0135
東京都青ヶ島村無番地
昭和59年（1984）創業

島内産のこだわりから生まれた力強く野性的な味わい

希望小売価格　700㎖ 2850円　1.8ℓ 5500円

度数………35%
原料………芋、麦
麹菌………麦麹（白）
蒸留方式…常圧

芋3麦1の割合で別々に蒸留したものをブレンド。芋の甘さと麦の香ばしさが濃厚で、野性味に溢れる。存在感に満ち、クセになる味わいだ。

キャラクター	シンプル ---□□□□□□■- 複雑		
ストレート○	ロック○	水割り○	お湯割り○

八丈島《はちじょうじま》の南67㎞にある青ヶ島《あおがしま》の蔵元。青ヶ島では古くから、各家庭で主食のさつまいもの副産物として焼酎造りを行っていたが、この伝統を後世へ残すために、荒井清氏が造り手10名を結集し酒造会社を設立。原料の芋も技術も地元産にこだわって「青酎」を完成させた。シンプルな名前が印象に残るこの焼酎は、アルコール度数も高めで、島独特の力強さが伝わる。

さらに新工場建設に合わせ、蒸留釜を銅釜にしたことで、より洗練された風味と完成度の高い焼酎が生み出されている。島外での販売は35度が主流だが、30度のものもある。ただし生産量が少なく流通は島内がほとんどと貴重。

まかいへのいざない

魔界への誘い

芋　佐賀県

(資) 光武酒造場
☎0954-62-3033
佐賀県鹿島市浜町乙2421
元禄元年 (1688) 創業

日本酒造りの技術を活かし芋焼酎の傑作を生み出す

希望小売価格　720mℓ 1186円　1.8ℓ 2289円

度数………25%
原料………芋 (黄金千貫)
麹菌………米麹 (黒)
蒸留方式…常圧

黒麹特有の香りを持ちながらも、まろやかな味わいがある本格芋焼酎で、ロック、お湯割りがお勧め。「伝統・挑戦」をモットーに酒造りに挑んでおり、「荒ごし濾過」で甘味と深みを逃さない工夫をするなどこだわりは半端ではない。

リッチ	シンプル ―□□□■□□□― 複雑		
ストレート○	ロック◎	水割り○	お湯割り◎

日本酒の蔵元として古くからの歴史を持ち、光武学校と呼ばれるほど杜氏の輩出が多い。約10年前から焼酎を手がけており、銘柄も豊富。「魔界への誘い」は、ネーミングの妙もさることながら、3年連続でモンドセレクション金賞を受賞。卓越した技術から生み出された名品だ。

当醸造所のおもなラインナップ

黒麹《くろこうじ》芋《いも》原酒《げんしゅ》魔界《まかい》への誘《いざな》い
720mℓ 5250円/37%/芋/米麹 (黒)/常圧
37%の原酒を1年間大甕に貯蔵。コクと香りが際立つ。

リッチ	シンプル ―□□□■□□□― 複雑		
ストレート○	ロック◎	水割り△	お湯割り△

瓶内熟成《かめないじゅくせい》魔界《まかい》への誘《いざな》い
1.8ℓ 3150円/25%/芋/米麹 (黒)/常圧
タンクで1年間貯蔵した後、さらに瓶詰めして1年2ヶ月貯蔵。黒麹特有のコクと甘味がある。

リッチ	シンプル ―□□□□■□□― 複雑		
ストレート○	ロック◎	水割り○	お湯割り◎

雲海酒造（株）
☎0985-23-7896
宮崎県宮崎市栄町45-1
昭和42年（1967）創業

さつま木挽《さつまこびき》

宮崎県　芋

宮崎を代表する雲海酒造が
鹿児島・出水蔵で育む芋の定番

希望小売価格 900㎖ 915円　1.8ℓ 1704円（瓶）・1683円（パック）

度数………25%
原料………芋（黄金千貫）
麹菌………米麹（白）
蒸留方式…常圧

熟練の蔵人の手になる丹精込めた仕込みが、安心の味わいを生む出水蔵の自信作。芋本来の自然な甘味とコクが生きている。

リッチ	シンプル −−□□■□□□□− 複雑		
ストレート○	ロック○	水割り○	お湯割り◎

当醸造所のおもなラインナップ

さつま木挽《こびき》黒麹《くろこうじ》仕《し》込《こ》み

900㎖ 915円　1.8ℓ 1704円（瓶）・1683円（パック）/25%/芋（黄金千貫）/米麹（黒）/常圧

平成18年秋に発売。黒麹仕込みによってコクに深みが生まれ、キレもいい。

リッチ	シンプル −−□□□■□□□− 複雑		
ストレート○	ロック◎	水割り○	お湯割り◎

さつま木挽《こびき》原酒《げんしゅ》

720㎖ 1890円/36%/芋（黄金千貫）米麹（白）/常圧

文字どおり「さつま木挽」の原酒だけに、濃度・度数とも高く、ダイレクトに芋の旨味が伝わってくる。

リッチ	シンプル −−□□□□□■□− 複雑		
ストレート○	ロック○	水割り○	お湯割り◎

薩摩《さつま》古秘《こひ》

900㎖ 1157円　1.8ℓ 2103円/25%/芋（黄金千貫）/米麹（黒）/常圧

伝統手法である黒麹仕込み・甕貯蔵の本格派。濃くまろやかな味わいは、お湯割りなどでいっそうふくらみを増す。

リッチ	シンプル −−□□□■□□□− 複雑		
ストレート○	ロック○	水割り○	お湯割り◎

雲海酒造は、日本初のそば焼酎「そば雲海」で知られるが、宮崎県内外に7蔵を構え麦、米、芋など種々の焼酎も造る。その蔵元が満を持して、鹿児島県の出水《いずみ》蔵で醸した芋焼酎のニューカマーが「さつま木挽」だ。鹿児島県産の黄金千貫《こがねせんがん》と紫尾山《しびさん》系の伏流水を使い、質の高さには定評がある。

黒麹旭萬年《くろこうじあさひまんねん》

芋　宮崎県

(有)渡邊酒造場
☎0985-86-0014
宮崎県宮崎市田野町甲2032-1
大正3年(1914)創業

四代続く蔵元で生まれた通好みの超個性派焼酎

希望小売価格　720mℓ 1370円　1.8ℓ 2690円(関東価格)

度数………25%
原料………芋(黄金千貫)
麹菌………米麹(黒麹ゴールド)
蒸留方式…常圧

2～3年間貯蔵熟成して出荷。芋の風味や甘味が濃厚で、コクもキレも強い重厚な味が特徴だ。個性の強さをまずは「生」で味わいたい。6:4の前割りを冷で味わうのもお勧め。

リッチ	シンプル ――□□□□■□□― 複雑		
ストレート○	ロック○	水割り◎	お湯割り◎

清い水と澄んだ空気、肥沃な土地が自慢の田野町《たのちょう》で、初代が酒造業を初めてから約100年。今もなお、原料の芋の栽培から始める昔ながらの手法をかたくなに守る。「旭萬年」は近頃の芋焼酎には珍しく癖があることで評判。平成13年発売のこの「黒麹仕込み」は、さらに通好みの味わいだ。

当醸造所のおもなラインナップ

白麹旭萬年《しろこうじあさひまんねん》

720mℓ 1270円　1.8ℓ 2490円(関東価格)/25%/芋(黄金千貫)/米麹(白)/常圧

3年間の貯蔵熟成を経ており、優しい飲み口だが芋の味をしっかりと伝える、まさにこれぞ芋焼酎。ほっと安心できる。お湯割りが最も似合う。

リッチ	シンプル ――□□□□■□□― 複雑		
ストレート○	ロック○	水割り○	お湯割り◎

岩倉酒造場
☎0983-44-5017
宮崎県西都市下三財7945
明治23年（1890）創業

月の中《つきんなか》

宮崎県　芋

新鮮な芋だけで造られた旨さが際立つ希少な一品

希望小売価格　720mℓ 1500円　1.8ℓ 2900円

度数………25%
原料………芋（黄金千貫）
麹菌………米麹（白）
蒸留方式…常圧

強さを主張しない絶妙な芋の甘味が魅力。ほのぼのとした昔懐かしい味わいで、飲み飽きない。ストレートでよし、ロックでよし、お湯割りもまたいい万能型だ。

リッチ	シンプル ――□□□■□□□― 複雑		
ストレート◎	ロック◎	水割り○	お湯割り◎

宮崎県中央部の田園地帯にある、明治中期に創業した老舗蔵元。「こだわりは別にない」というが、収穫したばかりの国産芋しか使わず、仕込みの朝に使う分だけを契約農家から購入。コストは嵩《かさ》んでも、良質な焼酎を造ろうとの信念が昔からの伝統である。家族経営の小さな蔵元で、生産量は年間芋焼酎200石、麦焼酎60石ほど。その芋を代表するのが「月の中」だ。

口にすると芋の甘味が舌を包み込むような優しい味わいが特徴。旨さと少量生産から、焼酎ファンに「幻の一品」とも呼ばれる。ちなみに、蔵のある地はかつて月見の名所だったことから、月中の地名で呼ばれたところ。銘柄名はこれに由来する。

明月《めいげつ》

芋　宮崎県

明石酒造（株）
℡0984-35-1603
宮崎県えびの市大字栗下61-1
明治24年（1891）創業

丁寧な手作業で造り上げた心まで酔わせる伝統の味

希望小売価格　900㎖ 970円　1.8ℓ 1810円

度数………25%
原料………芋（黄金千貫）
麹菌………米麹（白）
蒸留方式…常圧

ほんのりと芋の香りがする。白麹だが、芋本来の甘味も残る。万人に好まれるまろやかな味と口当たりのよさは秀逸。お湯割りが特にいい。

リッチ	シンプル ――□□■□□□□― 複雑		
ストレート○	ロック○	水割り○	お湯割り◎

九州山脈と霧島連山に囲まれたえびの盆地で明石仁右衛門氏が創業。焼酎造りに最適な良質の水に恵まれた環境の下で、丁寧な仕込みを実践している。「心まで酔わせるような、うまい焼酎を造る」のがモットー。メインブランドの「明月」は、昭和25年誕生以来長く愛され続けている。

当醸造所のおもなラインナップ

特撰明月《とくせんめいげつ》

720㎖ 1260円/22%/芋（黄金千貫）/米麹（白）/常圧

「ロックが美味い」をとことん追求した一品で、まろやかな芋の香りがさらにやわらかく舌をくすぐる。ロックで味わうのがもちろんベストだ。

フレーバー	シンプル ――□□■□□□□― 複雑		
ストレート○	ロック◎	水割り◎	お湯割り○

ないな

900㎖ 1313円　1.8ℓ 2415円/25%/芋（黄金千貫）/米麹（白）/常圧

「ないな」とは方言で「はてな」の意味。芋焼酎にわずかに米焼酎をブレンドしたもの。命名は、芋のまろやかな甘味と華やかな香りに、米の醸すすっきりとした口当たりが合わさり、独特の味わいを生むことから。ロックがお勧めだが、香りを楽しむならお湯割りもいい。

ライト	シンプル ――□□■□□□□― 複雑		
ストレート○	ロック◎	水割り○	お湯割り◎

くろきりしま
黒霧島

宮崎県　芋

霧島酒造（株）
☎0986-22-8066（お客様相談室）
宮崎県都城市下川東4-28-1
大正5年（1916）創業

多くの人々に愛され続けて 宮崎県トップのシェアを誇る

希望小売価格　720㎖ 1046円　900㎖ 970円　1.8ℓ 1810円

度数………25%
原料………芋（黄金千貫）
麹菌………米麹（黒）
蒸留方式…常圧

誰でも一度は目にしたことがある芋焼酎を代表する銘柄。とろりとした甘味、キリッとした後切れが特徴だ。

リッチ	シンプル ––□□■□□□□– 複雑		
ストレート○	ロック◎	水割り○	お湯割り○

当醸造所のおもなラインナップ

吉助《きちすけ》〈白《しろ》〉

720㎖ 1483円/25%/芋（黄金千貫）/芋麹（白）/常圧

創業者の名を冠した、原料はもちろん麹も芋という芋麹焼酎。口にすると甘味を感じ、後味はすっきり。透明感のある味わいだ。

リッチ	シンプル ––□■□□□□□– 複雑		
ストレート○	ロック◎	水割り◎	お湯割り○

吉助《きちすけ》〈黒《くろ》〉

720㎖ 1483円/25%/芋（黄金千貫）/芋麹（黒）/常圧

芋麹に黒麹を使用。コクがあり、落ち着いた甘さと香りを楽しめる。

リッチ	シンプル ––□□■□□□□– 複雑		
ストレート○	ロック◎	水割り◎	お湯割り○

吉助《きちすけ》〈赤《あか》〉

720㎖ 1682円/25%/芋（紫優）/芋麹（白）/常圧

原料、麹ともに紫優（ムラサキマサリ）を使用したもので、濃厚な甘味と香りに優れており「高貴と優美なテイストが広がる」。

フレーバー	シンプル ––□■□□□□□– 複雑		
ストレート○	ロック◎	水割り◎	お湯割り○

霧島連山を望む地にあり、先代の江夏順吉氏は「本格焼酎」という呼称の名付け親。「最高の素材をもって最高の味わいが生まれる」との哲学から、地下から湧き出す霧《きり》島裂罅水《しまれっかすい》や新鮮な黄金千貫《こがねせんがん》など厳選された原料を使う。90余年にわたる研鑽の中から生まれた自信作が「黒霧島」だ。

杜氏潤平《とうじじゅんぺい》

芋　宮崎県

小玉醸造（合同）
📞0987-25-9229
宮崎県日南市飫肥8-1-8
文政元年（1818）創業

休業中の伝統蔵が復活
若き杜氏の名を冠した自信作

希望小売価格　720㎖ 1680円　1.8ℓ 2940円

度数………25%
原料………芋（宮崎紅）
麹菌………米麹（白）
蒸留方式…常圧

「じっくり少量」をコンセプトに丁寧に造られた自信作。柑橘系の華やかな香りとすっきりとした味わいが広がる。ロック、水割り、お湯割りなど、どんな飲み方でもOKの万能型だ。

リッチ	シンプル --□□■□□□□-- 複雑		
ストレート○	ロック◎	水割り◎	お湯割り◎

飫肥《おび》藩の御用酒屋だった老舗蔵元だが、一時は休業状態に。復活させたのが若き杜氏の金丸潤平氏。手造り米麹と地採れの宮崎紅芋で醸す「杜氏潤平」は、その代表作だ。古酒と新酒をブレンドせずに、その年の原料だけで出荷するビンテージものだけに、気候や風土も感じながら味わいたい。

当醸造所のおもなラインナップ

杜氏《とうじ》潤平《じゅんぺい》紅芋《べにいも》華《はな》どり

360㎖ 2625円／44%／芋（宮崎紅）／米麹（白）／常圧

杜氏潤平の初留垂れ。フルーツを思わせる香り。旨味が凝縮しており、口中に深い余韻が漂う。年1回限定。

リッチ	シンプル --□□□□□□■-- 複雑		
ストレート◎	ロック◎	水割り△	お湯割り△

朝堀《あさぼ》り

720㎖ 945円　1.8ℓ 1890円／25%／芋（黄金千貫、宮崎紅）／米麹（白）／減圧と常圧のブレンド

減圧で蒸留した黄金千貫と、常圧の宮崎紅をブレンド。芋のほのかな香味が漂うさわやかさが特徴。ロックか水割りがいい。

ライト	シンプル --□■□□□□□-- 複雑		
ストレート○	ロック◎	水割り◎	お湯割り△

日向あくがれ《ひむかあくがれ》

宮崎県　芋

(株)富乃露酒造店
☎0982-68-3550
宮崎県日向市東郷町山陰辛212-1
平成16年(2004)創業

蔵元の歴史は新しいが
酒店主人がうなる銘柄を輩出

希望小売価格　720mℓ 1267円　1.8ℓ 2343円

度数………25%
原料………芋(黄金千貫)
麹菌………米麹(白)
蒸留方式…常圧

完熟堆肥で育てた上質の黄金千貫を使う。白麹だが芋本来の甘味も残る。「あくがれ」とは、「思い焦がれる」の意。

リッチ	シンプル ーー□□□■□□□ー 複雑		
ストレート○	ロック○	水割り○	お湯割り◎

歌人・若山牧水の生誕地である東郷町で、平成16年に立ち上げた蔵元。小さな焼酎蔵だが、清流耳川《みみかわ》の伏流水と厳選した原材料を使い、伝統的な甕壺《かめつぼ》で仕込むことで、酒店の主人が勧める一品を次々発表。「日向あくがれ」はその代表銘柄。「いい焼酎を造る」という思いが味に反映されている。

当醸造所のおもなラインナップ

黒麹《くろこうじ》あくがれ

720mℓ 1410円　1.8ℓ 2667円/25%/芋(黄金千貫)/米麹(黒)/常圧

黒麹で仕込み、無濾過で仕上げた新酒を2年間熟成。荒さのないコクのある味わいを楽しめる。口当たりよく、お湯割りが最適。

リッチ	シンプル ーー□□□□■□□ー 複雑		
ストレート○	ロック○	水割り○	お湯割り◎

東郷大地《とうごうだいち》の夢《ゆめ》

720mℓ 1476円　1.8ℓ 2714円/28%/芋(ダイチノユメ)/米麹(黒)/常圧

新品種の農林59号(ダイチノユメ)を用い黒麹で仕込んだ、蔵元の新たな銘柄。原料の持つ甘さとコクが香るお湯割りがよい。

リッチ	シンプル ーー□□□□■□□ー 複雑		
ストレート○	ロック○	水割り○	お湯割り◎

日向《ひむか》あくがれ14°《じゅうよんど》

900mℓ 762円　1.8ℓ 1333円/14%/芋(黄金千貫)/米麹(白)/常圧

日向あくがれを仕込み水で割り水したライト感覚の焼酎。ストレートで味わえ、女性ファンを増やした画期的な商品。

ライト	シンプル ーー□□□■□□□ー 複雑		
ストレート◎	ロック◎	水割り○	お湯割り△

おすずやまやまねこ

尾鈴山山ねこ

芋　宮崎県

(株) 尾鈴山蒸留所
☎0983-39-1177
宮崎県児湯郡木城町石河内字倉谷656-17
平成8年 (1996) 創業

尾鈴山ブランドの先駆となった軽やかで飲みやすく飽きない酒

希望小売価格　720㎖ 1200円　1.8ℓ 2400円

度数………25%
原料………芋 (九州108号=ジョイホワイト)
麹菌………米麹 (白)
蒸留方式…常圧

芋焼酎ならではのクセがなく、すっきりとさわやかな香りがする。キレもシャープで、飲み飽きないと評判がいい。ロック、水割り、お湯割りいずれでも楽しめる。

フレーバー	シンプル ―□■□□□□□― 複雑		
ストレート○	ロック◎	水割り◎	お湯割り◎

宮崎の老舗蔵元、黒木本店が、山深い森の中に新たに建設した蒸留所。尾鈴山ブランドの最初の焼酎として発表されたのがこの「尾鈴山山ねこ」である。地元産の新鮮な芋を使い、自社培養による独自の酵母を用いて徹底した手造りで仕込み、2年以上貯蔵熟成させたものだ。

原料となる芋は、黒木本店で主流の黄金《こがね》千貫《せんがん》ではなく、焼酎用に開発され、フルーティーで淡麗な酒ができるといわれる九州108号（ジョイホワイト）。当蔵創業の2年前に開発されたばかりの品種だが、蔵人の研鑽が実って、まさにうたい文句どおりのフルーティーな芳香を放つ、女性にも好まれる焼酎に仕上がっている。

㐂六《きろく》

宮崎県　芋

有機栽培の芋作りから熟成まで手間暇かけて造り上げた傑作

希望小売価格　720ml 1130円　1.8ℓ 2180円

度数………25%
原料………芋（黄金千貫）
麹菌………米麹（黒）
蒸留方式…常圧

手造りの黒麹と新鮮な黄金千貫、尾鈴山系の伏流水を逆浸透膜濾過した仕込み水を用いて造る。さらに２年以上貯蔵熟成させる。やわらかな風味が持ち味だ。

リッチ	シンプル ーー□□□■□□□ー 複雑		
ストレート○	ロック◎	水割り◎	お湯割り◎

宮崎を代表する蔵元。黒木敏之社長は「酒造りは農業。焼酎はその土地の農作物が育む文化」と位置づけ、焼酎カスを利用した有機肥料を使い、原料を無農薬栽培している。独自の焼酎を造るには独自の原料から、というポリシーで、優れた焼酎を生み出し続けてきた。そして手造りにこだわる。「先達の技を受け継ぐことで、南九州の地域文化遺産である醸造技術を後世に伝えたいから」なのだ。その老舗が造る、芋を代表する銘柄が「㐂六」。地元産（自家農園と契約農家）、掘りたての黄金千貫《こがねせんがん》と、同じく宮崎産のヒノヒカリを麹米に使う。素材の風味が生かされており、ロックでよし、水割り、お湯割りでも楽しめる。

(株)黒木本店
℡0983-23-0104
宮崎県児湯郡高鍋町大字北高鍋776
明治18年(1885)創業

当醸造所のおもなラインナップ

たちばな原酒《げんしゅ》

希望小売価格　720mℓ 2400円

度数…35～37%　原料…芋(黄金千貫)
麹菌…米麹(白)　蒸留方式…常圧

リッチ	シンプル ――□□□□□■□― 複雑		
ストレート○	ロック◎	水割り○	お湯割り△

掘りたての芋を使い、自社培養の酵母で仕込んだ。単一原酒100%の焼酎で、コクと深みのある味わいは秀逸。ロックで味わえば旨味が一気に口中に広がる。

たちばな

希望小売価格　720mℓ 950円　1.8ℓ 1900円

度数…25%　原料…芋(黄金千貫)
麹菌…米麹(白)　蒸留方式…常圧

リッチ	シンプル ――□□□■□□□― 複雑		
ストレート○	ロック○	水割り○	お湯割り◎

木桶で仕込み、地元では昔から親しまれてきた創業以来の伝統銘柄。芋本来の、口当たりがやわらかく芳醇な香りが引き出されている。

㐂《き》六《ろく》無《む》濾《ろ》過《か》(2009年冬期限定酒)

希望小売価格　720mℓ 1480円

度数…25%　原料…芋(黄金千貫)
麹菌…米麹(黒)　蒸留方式…常圧

リッチ	シンプル ――□□□□□■□― 複雑		
ストレート○	ロック◎	水割り○	お湯割り◎

作柄が良かった2009年の、JAS認定有機圃場(自家農園)で育てた芋を使ったもので、原酒の風味をそのまま伝える無濾過の一品。

爆《ばく》弾《だん》ハナタレ

希望小売価格　360mℓ 2200円

度数…44.1～44.9%　原料…芋(黄金千貫)
麹菌…米麹(白)　蒸留方式…常圧

リッチ	シンプル ――□□□□□□■― 複雑		
ストレート◎	ロック◎	水割り△	お湯割り△

蒸留し始めの部分(ハナタレ)を取った高濃度の焼酎。とろりとした濃厚な味わいは力強くかつふくよか。冷凍庫で冷やして飲むのがお勧め。

桜島《さくらじま》

鹿児島県　芋

南薩摩産の黄金千貫にこだわり
ふくよかな甘さと香りを実現

希望小売価格　720mℓ 1050円　1.8ℓ 1810円（九州外価格）

度数………25%
原料………芋（南薩摩産黄金千貫100%）
麹菌………米麹（白）
蒸留方式…常圧

雄大な桜島の名を冠したごとく、おおらかな味わいが持ち味の、蔵元を代表するブランド。鹿児島３大銘柄の一つで、地元でこよなく愛されている。

リッチ	シンプル ーー□□□■□□□ー 複雑		
ストレート○	ロック○	水割り◎	お湯割り◎

明治維新から間もない混乱の時代に、本坊松左衛門氏が「殖産興業による社会奉仕」という志を持ち、薩摩の特産物である芋を使った焼酎製造を開始。郷土愛に溢れた創業者の精神を受け継ぎ、現在でも南薩摩産の黄金千貫《こがねせんがん》にこだわった焼酎を造り続けている。

さらなる高みを目指して昭和48年には、さつまいもの一大産地・知覧《ちらん》に知覧蒸留所を開設。ここで造られたのが「桜島」である。100%原料にこだわることで、芋の甘さとふくよかな香り、さらに豪快な切れ味をも併せ持つ焼酎が生まれた。鹿児島伝統のスタイルである、お湯割り、水割りで味わえば甘味がより引き立つ。

本坊酒造（株）
℡099-210-1210
鹿児島県鹿児島市南栄3-27
明治5年（1872）創業

当醸造所のおもなラインナップ

別撰《べっせん》熟成《じゅくせい》桜島《さくらじま》

希望小売価格　750mℓ 1260円

度数…25%　原料…芋（南薩摩産黄金千貫100%）
麹菌…米麹（黒）　蒸留方式…常圧

リッチ	シンプル --□□□■□□□- 複雑		
ストレート○	ロック◎	水割り◎	お湯割り○

桜島の原酒の中からさらに貯蔵熟成に適した原酒のみを厳選。これをじっくりと寝かせたもので、コク、キレともに優れる。

あらわざ桜島《さくらじま》

希望小売価格　900mℓ 970円　1.8ℓ 1810円（九州外価格）

度数…25%　原料…芋（南薩摩産黄金千貫100%）
麹菌…米麹（白）　蒸留方式…常圧

リッチ	シンプル --□□■□□□□- 複雑		
ストレート○	ロック○	水割り○	お湯割り◎

特許を得た新蒸留法の、蒸留もろみを対流させる「磨き蒸留」で造られたもので、旨味、香りとも滑らかで軽やか。

貴匠蔵《きしょうぐら》

希望小売価格　900mℓ 1160円　1.8ℓ 2210円

度数…25%　原料…芋（南薩摩産黄金千貫100%）
麹菌…米麹（黒）　蒸留方式…常圧

リッチ	シンプル --□□□□■□□- 複雑		
ストレート○	ロック○	水割り○	お湯割り◎

創業地の、南さつま市加世田にある津貫貴匠蔵で製造。黒麹・甕壺仕込みという伝統的製法で造られた、さつまいも焼酎の原点。

甕幻《かめまぼろし》

希望小売価格　720mℓ 1160円　1.8ℓ 2260円

度数…25%　原料…芋（南薩摩産黄金千貫100%）
麹菌…米麹（黒）　蒸留方式…常圧

リッチ	シンプル --□□□□■□□- 複雑		
ストレート○	ロック○	水割り○	お湯割り◎

津貫貴匠蔵で製造。甕壺で仕込んだ原酒を素焼き甕で1年以上貯蔵・熟成。上品で熟成感のあるまろやかさが特徴。

さつま無双赤ラベル《さつまむそうあからべる》

鹿児島県　芋

さつま無双（株）
℡099-261-8555
鹿児島県鹿児島市七ツ島1-1-17
昭和41年（1966）創業

巧みな技術で完成した 鹿児島を代表するブレンド焼酎

希望小売価格　900mℓ 924円　1.8ℓ 1752円（税別・1.8ℓのみ本州価格）

度数………25%
原料………芋（黄金千貫）
麹菌………米麹（白）
蒸留方式…常圧

薩摩のスタンダードな銘柄で、芋の自然な風味がしっかりと残る。飲み口はすっきりとしており、お湯割りでも水割りでも楽しめる。

リッチ	シンプル ––□□□■□□□– 複雑		
ストレート○	ロック○	水割り◎	お湯割り◎

鹿児島県酒造協同組合傘下の各業者の協力で設立。代表銘柄の「さつま無双」は「双《ふた》つと無《な》い」の名称のとおり、原料の芋はもちろん、自然湧水を使用するなど水にもこだわり、上々の味に仕上がっている。赤ラベルのデザインは、明治維新に官軍が掲げた「錦の御旗」をイメージ。

当醸造所のおもなラインナップ

さつま無双黒《むそうくろ》ラベル

900mℓ 924円　1.8ℓ 1752円（税別・1.8ℓのみ本州価格）/25%/芋/米麹（黒）/常圧

黒麹ならではの甘味、コク、キレの三拍子揃っており、バランスもいい。料理との相性が抜群で、平成20酒造年度の鹿児島県本格焼酎鑑評会で、赤ラベルとともに総裁賞を受賞。

リッチ	シンプル ––□□□□■□□– 複雑		
ストレート○	ロック○	水割り○	お湯割り◎

つわぶき紋次郎《もんじろう》

720mℓ 1260円　900mℓ 1050円　1.8ℓ 2000円（税別）/25%/芋/米麹（黒）/常圧

黒麹ならではのまろやかな旨味が最大限に引き出されている。名前やラベルデザインの面白さが話題にもなったが、全国酒類コンクール本格焼酎部門で総合1位に輝いた実力派でもある。

リッチ	シンプル ––□□□□■□□– 複雑		
ストレート○	ロック○	水割り○	お湯割り◎

相良《さがら》

芋　鹿児島県

相良酒造（株）
℡099-222-0534
鹿児島県鹿児島市柳町5-6
享保15年（1730）創業

280年の伝統に培われた薩摩最古の蔵の、まさに地酒

希望小売価格　900㎖ 970円　1.8ℓ 1810円

度数………25%
原料………芋（黄金千貫）
麹菌………米麹（白）
蒸留方式…常圧

現当主で九代目の、薩摩で最古とされる老舗蔵。代々受け継がれてきた伝統製法を大切に、ミネラル分豊富な名水で仕込まれる。代表銘柄は家名を冠した「相良」。芋の風味が生かされ、どこか懐かしく穏やかながら、独特な力強さを秘めている。

リッチ	シンプル ――□□□□■□□― 複雑		
ストレート○	ロック○	水割り○	お湯割り◎

今もなお鹿児島市内で仕込みから蒸留、瓶詰め、出荷までを行っている唯一の蔵。創業の地へのこだわりは、そのまま焼酎造りのこだわりにも通じる。白麹仕込みの代表作「相良」が生まれたのもその賜物。やわらかながらコクがあり、さらに芋の風味を出した重厚な味わいが特徴だ。

当醸造所のおもなラインナップ

相良仲右衛門《さがらちゅうえもん》

720㎖ 1155円　1.8ℓ 2205円/30%/芋（黄金千貫）/米麹（黒）/常圧

焼酎は香り、甘味、深みなどのバランスが最もいいのがアルコール度数30%だともいわれるが、調合熟成でその度数に仕上げたのがこれ。十数銘柄を造っている当蔵の中でも、創業者の名前を付けた自信作だ。伝統製法を大切に、黒麹の芋焼酎の味を追求、旨味が凝縮された一品である。ロックで味わえばその旨味が実感できる。

リッチ	シンプル ――□□□□□■□― 複雑		
ストレート○	ロック◎	水割り○	お湯割り◎

千鶴《ちづる》

鹿児島県　芋

神酒造（株）
☎0996-82-0001
鹿児島県出水市高尾野町大久保239
明治5年（1872）創業

土中に埋めた和甕で醸す
創業当時から続く癒しの酒

希望小売価格　900mℓ 1031円　1.8ℓ 1946円

度数………25%
原料………芋（黄金千貫）
麹菌………米麹（白、黒）
蒸留方式…常圧

全日本国際酒類振興会主催「選び抜かれた名品の時代」芋焼酎部門第一位受賞の実力派。白麹の原酒と黒麹の原酒をブレンドしたもので、さらっとした甘さに癒される。お湯割りで味わうのが最もいい。

リッチ	シンプル --□□■□□□□- 複雑		
ストレート○	ロック○	水割り○	お湯割り◎

当醸造所のおもなラインナップ

いも神《がみ》

900mℓ 1126円　1.8ℓ 2208円/25%/芋（黄金千貫）/麦/麦麹（黒）/常圧

黒麹で仕込んだ芋焼酎に、減圧蒸留した少量の麦をブレンド。芋の甘味と麦の香ばしさがある、華やかさを実感できる味わいが魅力だ。芋焼酎の苦手な人にも、水割りならすっきりと味わえる。

フレーバー	シンプル --■□□□□□□- 複雑		
ストレート○	ロック◎	水割り◎	お湯割り△

鶴の越冬地として知られる出水《いずみ》市に、風格ある佇まいを見せる蔵元。130年以上の歴史を持つ老舗だ。代表銘柄の「千鶴」は、創業当時から続く和甕《わがめ》仕込みの「神焼酎」を昭和33年に改名したもの。小さな蔵ならではのきめの細かい醸造作業で造る焼酎は、長年の間地元で愛飲されている。

さつま島美人《さつましまびじん》

芋　鹿児島県

長島研醸（有）
☎0996-88-2015
鹿児島県出水郡長島町平尾387
昭和42年（1967）創業

鹿児島県内の人気抜群 シンプルで軽快な日常酒

希望小売価格　900㎖ 970円　1.8ℓ 1853円（関東価格）

度数………25%
原料………芋（黄金千貫）
麹菌………米麹（白）
蒸留方式…常圧

まろやかな甘口で飲みやすく、次の一杯を誘うかのようなほのかに残る後味が印象深い。この口当たりのよさが人気で、鹿児島でトップクラスのシェアを誇る。25%のほか20%、35%のものもある。お湯割りがお勧め。

ライト	シンプル ──□■□□□□□── 複雑		
ストレート○	ロック○	水割り◎	お湯割り◎

鹿児島県最北端の風光明媚な長島島内にある宮内酒造、宮乃露酒造、長山酒造、杉本酒造、南州酒造の5酒造場の共同瓶詰め工場として設立。5つの蔵の焼酎を巧みにブレンドしたのが、看板銘柄の「さつま島美人」。島（世）の男性にいつまでも愛されるようにとの願いからの命名だ。

当醸造所のおもなラインナップ

だんだん

900㎖ 970円（全国統一価格）、1.8ℓ 1853円（関東価格）/25%/芋（黄金千貫）/米麹（黒）/常圧

「島美人」の黒麹バージョン。豊かなコクと力強さがあり、香りが引き立つお湯割りがお勧めだ。

リッチ	シンプル ──□□■□□□□── 複雑		
ストレート○	ロック○	水割り○	お湯割り◎

さつま島娘《しまむすめ》

1.8ℓ 1810円（島内小売店の限定販売）/25%/芋（黄金千貫）/米麹（白）、麦麹（白）/常圧

米麹に加え麦麹も使用。香りが控えめでやわらかく、さっぱりとした味わい。長島島内小売店の限定販売品という貴重な銘柄。

ライト	シンプル ──■□□□□□□── 複雑		
ストレート○	ロック◎	水割り◎	お湯割り○

大口酒造（株）
☎0995-22-1213
鹿児島県伊佐市大口原田707
昭和45年（1970）創業

黒伊佐錦《くろいさにしき》

鹿児島県　芋

最古の焼酎資料が残る地に誕生
不変の人気を誇る「伊佐焼酎」

希望小売価格　900mℓ 970円　1.8ℓ 1840円

度数………25%
原料………芋（黄金千貫）
麹菌………米麹（黒）
蒸留方式…常圧

白麹が全盛だった頃に、黒麹を使用した画期的な焼酎として知られる。華やかな香りとコクのある味わいが特徴。甘さと辛さのバランスが丁度よく、どんな飲み方でもうまいが、お湯割りが特にお勧め。

リッチ	シンプル --□□□□■□□- 複雑		
ストレート○	ロック○	水割り○	お湯割り◎

伊佐《いさ》市の郡山八幡《こおりやまはちまん》神社には、焼酎の二文字が落書きされた永禄2年（1559）の棟札が残る。最古の焼酎資料だが、そのゆかりの地にある蔵元11社が協業組合を発足し、銘柄を「伊佐錦」に統一。〝伊佐焼酎〟として名高いが、なかでもいち早く黒麹を使用したのが「黒伊佐錦」だ。

当醸造所のおもなラインナップ

白麹《しろこうじ》仕込《しこみ》伊佐錦《いさにしき》

1.8ℓ 1840円/25%/芋（黄金千貫）/米麹（白）/常圧

自然な香りと落ち着いた味わいが特徴。さわやかな口当たり、すっきりとした後口の飲み飽きない定番商品。お湯割りがお勧めだが、ロック、水割りもいい。

リッチ	シンプル --□□□■□□□- 複雑		
ストレート○	ロック◎	水割り◎	お湯割り◎

伊佐錦金山《いさにしききんざん》

1.8ℓ 2180円/25%/芋（黄金千貫）/米麹（黒）/常圧

十分に熟成させて、やわらかい香りで口当たりよく仕上げている。芋焼酎独特の香りを優しく抑え込んでいるので、ロック、水割りがお勧め。

リッチ	シンプル --□□■□□□□- 複雑		
ストレート○	ロック◎	水割り◎	お湯割り○

伊佐大泉《いさだいせん》

芋　鹿児島県

大山酒造（名）
☎0995-26-0055
鹿児島県伊佐市菱刈町荒田3476
明治38年（1905）創業

白麹仕込みの真髄を極めた淡麗で上品な風味と香り

希望小売価格　720mℓ 1175円　900mℓ 999円　1.8ℓ 1884円

度数………25%
原料………芋（黄金千貫）
麹菌………米麹（白）
蒸留方式…常圧

軽やかな香りとやわらかな甘味がある。淡麗で優しい味わいは白麹仕込みならでは。芋焼酎が苦手な人や初心者にお勧め。お湯割りにするとさらに味わいが増す。

リッチ	シンプル ——□□□■□□□— 複雑		
ストレート○	ロック○	水割り○	お湯割り◎

日本最大の金鉱山菱刈《ひしかり》金山のある町に100年以上前から続く蔵元。鹿児島県北部に位置するこの地は、県下最大の川内《せんだい》川《がわ》が流れ、東方に霧島連峰を望む盆地で、昼夜の温度差が大きい気候。それが焼酎造りに最適な環境を生んでいる。

地の利を生かしたこの蔵は、創業以来「一つの酒造りに専念し、その酒の品質向上を追求する」という、今では貴重ともいえる一蔵元一銘柄の理念を守る。それが「伊佐大泉」。現在もなお、昔ながらの丁寧な手作業で麹を造ることで、芋本来の香りと風味を引き出している。平成22年に全国酒類コンクール本格焼酎部門で優勝したことでも実力のほどが分る。

軸屋酒造（株）
℡0996-54-2507
鹿児島県薩摩郡さつま町平川1427
明治43年（1910）創業

甕仕込み紫尾の露《かめしこみしびのつゆ》

鹿児島県　芋

清水、芋、米麹、杜氏の技が造り上げた力強い味わい

希望小売価格　900㎖ 1262円　1.8ℓ 2418円

度数………25%
原料………芋（黄金千貫）
麹菌………米麹（白）
蒸留方式…常圧

白麹で甘味を引き出した丸みを帯びた味わい。甕で半年貯蔵することで「お湯割りでもぶれない、しっかりとした味」になっている。

リッチ	シンプル ――□□■□□□□― 複雑		
ストレート○	ロック○	水割り○	お湯割り◎

当醸造所のおもなラインナップ

紫《し》尾《び》の露《つゆ》

720㎖ 998円　1.8ℓ 1890円/25%/芋（黄金千貫）/米麹（白）/常圧

創業当時から造り続けられてきた定番銘柄。まろやかな味わいが特徴で、お湯割りにすると芋の甘さ、香味が鼻をくすぐる。

リッチ	シンプル ――□□■□□□□― 複雑		
ストレート○	ロック◎	水割り○	お湯割り◎

美《び》醉《すい》焼《しょう》酎《ちゅう》凛《りん》

720㎖ 1260円　1.8ℓ 2415円/25%/芋（黄金千貫）/米麹（黒）/常圧

軸屋酒造初の黒麹仕込み焼酎。名のとおり、口にすると凛とした味わい。女性杜氏・軸屋麻衣子さんが醸したことでも話題に。

リッチ	シンプル ――□□□■□□□― 複雑		
ストレート○	ロック○	水割り○	お湯割り◎

四六《しろく》の権《ごん》

720㎖ 1323円/25%/芋（紅東）/米麹（白）/常圧

蔵元で初めて紅東を使用。甕仕込み、天然濾過、1年半以上貯蔵熟成させた一品。創業者・権助氏の名を冠した自信作。

リッチ	シンプル ――□□■□□□□― 複雑		
ストレート○	ロック◎	水割り○	お湯割り◎

小さな蔵元だが、地底146mから汲み上げる清水と旬のさつまいも、やわらかさと繊細さを持つ白麹を用い、滋味あふれる焼酎を育む。平成16年完成した権之助蔵の甕で仕込んだ「甕仕込み紫尾の露」はなかでも手間をかけた自信作。量産を避け、蔵元独特の風味を守る姿勢を貫き通している。

鉄幹《てっかん》

芋　鹿児島県

オガタマ酒造（株）
☎0996-22-3675
鹿児島県薩摩川内市永利町2088
平成5年（1993）創業

温故知新を理念に造る レンガ蔵の古式甕壺仕込み

希望小売価格　900mℓ 1288円　1.8ℓ 2450円

度数………25%
原料………芋（黄金千貫）
麹菌………米麹（白）
蒸留方式…常圧

香り、やわらかさ、飲みごたえ。どれをとっても落ち着いた充実感がある。割り水でいっそう旨さが増し、お湯割りやぬる燗もいい。モンドセレクションで金賞を連続受賞。

リッチ	シンプル ––□□□□■□□– 複雑		
ストレート○	ロック○	水割り○	お湯割り◎

当醸造所のおもなラインナップ

蛮酒《ばんしゅ》の杯《はい》

720mℓ 2312円　1.8ℓ 4361円/25%/芋（黄金千貫）/米麹（白）/常圧

秘蔵の甕壺貯蔵古酒。芳醇な香りに心が躍る。まず一口はストレートで古酒の旨さを味わってほしい。モンドセレクションの最高金賞を3年連続受賞するなど、各鑑評会での評価も高い。

リッチ	シンプル ––□□□□□■□– 複雑		
ストレート◎	ロック○	水割り○	お湯割り◎

オガタマの名は近くの石神《いしがみ》神社の御神木にちなむ。評判の焼酎が幾つもある薩摩川《さつません》内《だい》市で、大正期に造られたレンガ蔵で今もなお甕壺《かめつぼ》で仕込みを行うのがこの蔵元。厳選の芋を使い、手間をおしまず奇をてらわない、あえていうなら「温故知新」の焼酎造り。そんな中で「鉄幹」が生まれた。

むらお

村尾

村尾酒造（資）
℡0996-30-0706
鹿児島県薩摩川内市陽成町8393
明治35年（1902）創業

鹿児島県　芋

名人の手で丹精込めて造り上げられた芸術品

希望小売価格　900㎖ 1300円　1.8ℓ 2450円

度数………25%
原料………芋（黄金千貫）
麹菌………米麹（黒）
蒸留方式…常圧

麹造りから蒸留の細部にまでわたり、丁寧に造られている。柑橘系のフルーティーな香りと芳醇な味わいが絶妙。ロック、お湯割りなどどんな飲み方でも楽しめる。

フレーバー	シンプル ―□■□□□□□□― 複雑		
ストレート○	ロック◎	水割り○	お湯割り◎

薩摩川内《さつませんだい》市郊外の、自然環境に恵まれた山の中にある小さな蔵元。年間に約900石を仕込むが、三代目当主で杜氏でもある村尾寿彦氏が、麹造りから仕込み、蒸留までを家族とともに行う。その氏の名を冠したのが「村尾」。新鮮良質な黄金千貫《こがねせんがん》を原料に、昆岳《こんたけ》の伏流水を仕込み水に使って甕《かめ》で醸す。丹念な手造りが生んだこの酒は、芋本来の芳醇な香りが口中に広がり、心豊かにさせてくれる名酒である。

以前は年間生産量が200石以下に落ち込んだこともあるそうだが、本格焼酎人気の到来とともに評価され、今では「森伊蔵」と並ぶ入手困難銘柄の一つに数えられるほどで、プレミア焼酎の雄とも呼ばれる。

さつま五代《さつまごだい》

芋　鹿児島県

山元酒造（株）
☎0996-25-2424
鹿児島県薩摩川内市五代町2725
大正元年（1912）創業

若き蔵人たちが受け継ぐ伝統と技術革新の成果

希望小売価格　900mℓ 970円　1.8ℓ 1810円

度数………25%
原料………芋（黄金千貫）
麹菌………米麹（白）
蒸留方式…常圧

魅力は風格。焼酎本来の醍醐味をそのまま伝える、力強さと深みのある味わいが特徴だ。ストレートやロックだけでなく、お湯割りにして飲んでも、コシの強さが損なわれない。

リッチ	シンプル ──□□□■□□□── 複雑		
ストレート○	ロック◎	水割り○	お湯割り◎

若い蔵人が多いが、伝統製法の継承を行い、杜氏の勘も手本にするなど「伝統と革新性の融合」をテーマに焼酎造りに取り組んでいる蔵元。新鮮な芋と冠嶽山《かんがくさん》の伏流水を仕込みに使い、旨味にこだわった酒造りを続けている。代表銘柄「さつま五代」はモンドセレクション金賞受賞を継続中。

当醸造所のおもなラインナップ

さつま黒五代《くろごだい》

900mℓ 970円　1.8ℓ 1810円/25%/芋（黄金千貫）/米麹（黒）/常圧

黒麹独特の華やかな香りが楽しめる。白麹仕込みの「さつま五代」とともに数々の賞を受賞した実力派だ。

リッチ	シンプル ──□□□□■□□── 複雑		
ストレート○	ロック○	水割り○	お湯割り◎

田苑芋《でんえんいも》

鹿児島県　芋

田苑酒造（株）
☎0996-38-0345
鹿児島県薩摩川内市樋脇町塔之原11356-1
明治23年（1890）創業

まろやかなお湯割りが一日の疲れを癒してくれる

麦焼酎「田苑」で有名な蔵元だが、昭和23年から芋焼酎の製造を手がけており、その歴史に裏打ちされたノウハウを実らせたのが「田苑芋」だ。地元鹿児島産の新鮮なさつまいもを原料に、白麹を使い、伝統の技術で丁寧に仕上げている。芋のふくよかな旨味と、奥深い味わいが抜群。

希望小売価格　900mℓ 970円　1.8ℓ 1810円

度数……… 25%
原料……… 芋（黄金千貫）
麹菌……… 米麹（白）
蒸留方式… 常圧

一日の疲れを癒す晩酌にお勧め。お湯割りに最適な焼酎を意識して仕上げており、まろやかな味わいが特徴だ。もちろん水割りやロックもOK。

リッチ	シンプル --□□□■□□□- 複雑		
ストレート○	ロック○	水割り◎	お湯割り◎

当醸造所のおもなラインナップ

全量《ぜんりょう》芋《いも》仕《し》込《こ》み島津《しまづ》藩《はん》

720mℓ 1580円／25%／芋（黄金千貫）／芋麹（白）／常圧

銘柄名が示すとおり、主原料はもちろんのこと、麹菌、酵母も地元産の芋を使用した純鹿児島産芋焼酎。軽快な味わいの中に、しっかりとした芋の香りと豊かな余韻がある。ロック、水割り、お湯割りと、いずれの飲み方でも楽しめる。

フレーバー	シンプル --□■□□□□□- 複雑		
ストレート○	ロック◎	水割り◎	お湯割り◎

薩摩七夕《さつまたなばた》

芋　鹿児島県

田崎酒造（株）
☎0996-36-3000
鹿児島県いちき串木野市大里696
明治20年（1887）創業

良質な仕込み水が造る
やわらかで女性的な優しい酒

希望小売価格　900mℓ 970円　1.8ℓ 1810円

度数………25%
原料………芋（黄金千貫）
麹菌………米麹（白）
蒸留方式…常圧

お湯割りで味わえば、どこかしとやかな日本女性を思わせるが、おとなしさの中にも芋の旨味が濃い。まろやかでコクがあり、飲み飽きない味。ロック、水割りがいい。

リッチ	シンプル ――□□■□□□□― 複雑		
ストレート○	ロック◎	水割り◎	お湯割り○

昔から焼酎造りが盛んな市来《いちき》で、初代当主が、「古来より稀に見る銘水」を探しあてて蔵を構えて以来、妥協を許さない酒造りが社是。創業当時から変わらぬ、芳醇で深い味わいのあるのが代表銘柄の「薩摩七夕」だ。芋焼酎の長期貯蔵や長期熟成に、意欲的に取り組んできたのもこの蔵の特徴。

当醸造所のおもなラインナップ

薩摩《さつま》黒七夕《くろたなばた》

900mℓ 970円　1.8ℓ 1810円/25%/芋（黄金千貫）/米麹（黒）/常圧

「七夕」の黒麹仕込みバージョン。風味は濃厚で、甘味の中にかすかな苦みの余韻も残る。

リッチ	シンプル ――□□□■□□□― 複雑		
ストレート○	ロック○	水割り○	お湯割り◎

鬼火《おにび》

900mℓ 1255円　1.8ℓ 2394円/25%/芋（黄金千貫）/米麹（白）/常圧

焼き芋が原料。芋の甘味と香ばしさがバランスよく引き出されている。

リッチ	シンプル ――□□□■□□□― 複雑		
ストレート○	ロック◎	水割り○	お湯割り◎

天狗櫻《てんぐざくら》

(有)白石酒造
☎0996-36-2058
鹿児島県いちき串木野市湊町3138
明治27年(1894)創業

鹿児島県　芋

小さな蔵の利点を活かし
新しい銘柄造りにチャレンジ

希望小売価格　720㎖ 1260円　900㎖ 1200円　1.8ℓ 2260円

度数………25%
原料………芋(黄金千貫)
麹菌………米麹(白)
蒸留方式…常圧

昔から地元で愛飲されているレギュラー焼酎。芋の風味と甘さが芋焼酎ファンには堪らない。余韻の残る味わいに、つい杯を重ねてしまう。

リッチ	シンプル ――□□□□■□□― 複雑		
ストレート○	ロック○	水割り○	お湯割り◎

古くからの歴史を持つ「市来《いちき》焼酎」6社のうちの一つで、古式の石室で麹付けを行い、仕込みに古式の甕《かめ》を使って、木桶器で蒸留するなど、昔ながらの手造りを守る。一方で、若者の嗜好に合わせた新たな銘柄造りにも積極的。次々に評判の商品を生み出し、鑑評会で連続入賞を果たしている蔵としても知られる。

この伝統の製法で造り続け、不動の代表銘柄といわれるのが「天狗櫻」である。良質の芋を使っていることを実感させる芳醇な甘さと香りが際立ち、口当たりよく、後味もまたいい。お湯割りがお勧めだ。このほか、原酒に近い状態が味わえる「天狗櫻35度」もある。

でん
伝

芋　鹿児島県

焼酎蔵薩州濱田屋伝兵衛（濱田酒造）
📞0996-21-5260（お客様相談室）
鹿児島県いちき串木野市湊町4-1
明治元年（1868）創業

古えの黄麹仕込みを再び 原点回帰が生んだきれいな芋焼酎

希望小売価格　720mℓ 1500円　1.8ℓ 3150円

度数………25%
原料………芋
麹菌………米麹（黄）
蒸留方式…常圧

いにしえの麹と呼ばれる黄麹を使い、甕仕込み、木桶蒸留、甕貯蔵と、伝統的な造りにこだわった。黄麹を使うことによって醸される、繊細でやわらかな飲み口が多くの人に好まれている。

フレーバー	シンプル ―□□■□□□□― 複雑		
ストレート○	ロック○	水割り○	お湯割り◎

伝兵衛《でんべえ》蔵、傳藏院《でんぞういん》蔵、薩摩金山《さつまきんざん》蔵の3つの焼酎蔵を持つ老舗。「伝」は、名のとおり伝統技法を守り続ける伝兵衛蔵で、原点回帰を意識して造られている。明治以前に主流であった黄麹仕込みにこだわり、さらに甕仕込み、木桶《きおけ》蒸留、甕貯蔵。昔ながらの製法が、懐かしい穏やかな味わいを生む。

当醸造所のおもなラインナップ

宇吉《うきち》

720mℓ 1500円　1.8ℓ 3150円/25%/芋（黄金千貫）/米麹（黒）/常圧

伝兵衛蔵で製造。厳選した黄金千貫を使って、甕壺仕込み、木桶蒸留の昔ながらの製法。黒麹でコクと旨味が強い。

リッチ	シンプル ―□□■□□□□― 複雑		
ストレート◎	ロック◎	水割り○	お湯割り◎

兼重芋《かねしげいも》

720mℓ 1990円/25%/芋/米麹（白）/常圧

伝兵衛蔵で製造。原酒を3～5年間甕壺で貯蔵した後、シラス台地で天然濾過された良水で割り水。長期熟成酒ならではのまろやかさが際立つ。

リッチ	シンプル ―□□□■□□□― 複雑		
ストレート○	ロック◎	水割り◎	お湯割り◎

金峰櫻井《きんぽうさくらい》

鹿児島県　芋

櫻井酒造（有）
℡0993-77-1332
鹿児島県南さつま市金峰町池辺295
明治38年（1905）創業

家族経営の蔵が丁寧な手作業とブレンドの妙味で造る芋の傑作

希望小売価格　720mℓ 1250円　1.8ℓ 2300円

度数………25%
原料………芋（黄金千貫）
麹菌………米麹（白、黒）
蒸留方式…常圧

白麹原酒と黒麹原酒の比率が8:2。白麹特有のソフトでマイルドな味わいの中に、黒麹らしいキレのある奥深い旨味がある。

リッチ	シンプル ーー□□□■□□□ー 複雑		
ストレート○	ロック○	水割り○	お湯割り◎

家族経営の小さな蔵。契約農家で栽培する良質の芋を使い、芋の雑味となる部分を徹底的に取り除くなど、丁寧な原料処理にこだわる。それを地下水で仕込むが、代表銘柄の「金峰櫻井」は、白麹原酒に黒麹原酒をブレンドすることで旨味と甘味の豊かな、絶妙の味わいを生み出した一品だ。

当醸造所のおもなラインナップ

黒《くろ》櫻《さくら》井《い》
1.8ℓ 2500円/25%/芋（黄金千貫）/米麹（黒）/常圧
「金峰櫻井」が品薄になる4～10月の期間限定出荷。クセがなく、優しい甘味がある。生産量が少なく貴重。

リッチ	シンプル ーー□□□■□□□ー 複雑		
ストレート○	ロック◎	水割り○	お湯割り◎

造《つく》り酒《ざか》屋《や》櫻《さくら》井《い》
1.8ℓ 2700円/25%/芋（黄金千貫）/米麹（白）/常圧
金峰町内産の酒造に好適な麹米と黄金千貫を使い、関平鉱泉水で割り水して仕込む。上品な香りとキレが楽しめる。

リッチ	シンプル ーー□□■□□□□ー 複雑		
ストレート○	ロック○	水割り○	お湯割り◎

おまち櫻《さくら》井《い》
1.8ℓ 3000円/25%/芋（黄金千貫）/米麹（黒）/常圧
麹米に岡山県産の雄町米を使い、フルーティーでソフトな口当たり。平成22年に登場の新銘柄で、4～7月の期間限定販売。

フレーバー	シンプル ーー□■□□□□□ー 複雑		
ストレート○	ロック◎	水割り○	お湯割り◎

小松帯刀《こまつたてわき》

芋　鹿児島県

吹上焼酎（株）
☎0993-52-2765
鹿児島県南さつま市加世田宮原1806
明治29年（1896）創業

技術を高め鑑評会でも高評価
薩摩の偉人の名を頂く名品

希望小売価格　720㎖ 1178円　1.8ℓ 1925円

度数………25%
原料………芋（黄金千貫）
麹菌………米麹（黒）
蒸留方式…常圧

薩摩ゆかりの偉人、明治維新の陰の功労者とされる名家老だった小松帯刀にちなんで命名。名に負けぬようにと、地場の黄金千貫のみを使って丁寧に造られた一品だ。微妙なタイミングで雑味を抑える作業を行うことで、芋の風合いを残しながら口当たりのいい傑作が出来上がった。

リッチ	シンプル --□□■□□□□- 複雑		
ストレート○	ロック○	水割り○	お湯割り◎

芋焼酎のメッカ、薩摩地方の老舗蔵の一つ。卓越した技術を持つ黒瀬杜氏の伝統手法を活かしつつ、より質の高い焼酎を追究してきた。蔵の誇る名品「小松帯刀」は、平成21酒造年度鹿児島県本格焼酎鑑評会で総裁賞を代表受賞。落ち着きのある味わい、バランスの良さが評価されている。

当醸造所のおもなラインナップ

かいこうず

720㎖ 1304円　1.8ℓ 2734円/25%/芋（栗黄金）/米麹（黒）/常圧

鹿児島の県木カイコウズにちなむ。希少な芋の栗黄金を使い、甘味のある華やかな香りとふくよかで芳醇な味わいが特徴。ロック、水割りもお勧めだが、お湯割りの美味しさは格別。

リッチ	シンプル --□□■□□□□- 複雑		
ストレート○	ロック◎	水割り◎	お湯割り◎

吹上芋《ふきあげいも》

900㎖ 954円　1.8ℓ 1852円/25%/芋/米麹（黒）/常圧

蔵名を冠した、昔ながらの黒麹、常圧蒸留で醸す当蔵の代表銘柄。気軽に味わえる芋らしい芋で、お湯割りに最適。

リッチ	シンプル --□□□□■□□- 複雑		
ストレート○	ロック○	水割り○	お湯割り◎

富乃宝山《とみのほうざん》

鹿児島県　芋

芋焼酎の魅力を世界に知らしめた本格焼酎を牽引する名酒

希望小売価格	1.8ℓ 2960円

度数………25%
原料………芋（黄金千貫）
麹菌………米麹（黄）
蒸留方式…常減圧

清酒の吟醸酒のように、温度管理の難しい黄麹を使い、もろみを低温発酵させて、果物にも似た芳香とまろやかな口当たりを生み出した。「ロックでおいしい焼酎」を目指して醸されただけに、ロックが最も美味。

キャラクター	シンプル ーー□□□□■□□ー 複雑		
ストレート○	ロック◎	水割り○	お湯割り△

今や知らぬ人のない「富乃宝山」。その故郷は薩摩半島の付け根の静かな山間にある。蔵元の西酒造は創業１６０余年。ロックでおいしい焼酎を求め、たどり着いたのがこの名酒。黄麹で仕込み、低温発酵で醸すことで、吟醸香とも果物香ともいえる優しく上品な味わいを生み出したものだ。それまでの芋焼酎とは一線を画す、洗練された大人の酒として評判の一品である。

　原材料である芋と米はすべて鹿児島県内の契約農家が育てるが、「焼酎造りは農業から」との考えから、自社栽培にも取り組む。土を耕し苗を植え、収穫、そして醸造と、一年を費やした焼酎造りで、芋焼酎のさらなる世界を目指している。

西酒造（株）
℡099-296-4627
鹿児島県日置市吹上町与倉4970-17
弘化2年（1845）創業

当醸造所のおもなラインナップ

天使《てんし》の誘惑《ゆうわく》

希望小売価格　720mℓ 3250円

度数…40%　原料…芋（黄金千貫）
麹菌…米麹（黒）　蒸留方式…常圧

キャラクター	シンプル --□□□□□□■- 複雑		
ストレート◎	ロック◎	水割り△	お湯割り△

「秘蔵酒」の封が示すように、高濃度に仕上げた特別仕込みの原酒を樫樽で長期熟成。とろりとした飲み口で、芋焼酎の域を超越しているとも讃えられている。

吉兆宝山《きっちょうほうざん》

希望小売価格　1.8ℓ 2960円

度数…25%　原料…芋（黄金千貫）
麹菌…米麹（黒）　蒸留方式…常圧

リッチ	シンプル --□□□□□□■- 複雑		
ストレート○	ロック○	水割り○	お湯割り◎

コクとキレが特徴の黒麹仕込み常圧蒸留。昔からの伝統手法で造られた芋焼酎は、お湯割りや前割り燗で、香りがいっそう引き立つ。

白天宝山《はくてんほうざん》

希望小売価格　1.8ℓ 2960円

度数…25%　原料…芋（黄金千貫）
麹菌…米麹（白）　蒸留方式…常圧

リッチ	シンプル --□□□□□□■- 複雑		
ストレート○	ロック○	水割り◎	お湯割り◎

黄麹の「富乃宝山」、黒麹の「吉兆宝山」と並び称されるのが、白麹の「白天宝山」。特徴をひと言でいうならやわらかさ。香りも口当たりも優しい。

宝山芋麹全量綾紫《ほうざんいもこうじぜんりょうあやむらさき》

希望小売価格　1.8ℓ 3850円

度数…出来高度数(28%前後)　原料…芋(綾紫)
麹菌…米麹（黒）　蒸留方式…常圧

キャラクター	シンプル --□□□□□□■- 複雑		
ストレート○	ロック◎	水割り○	お湯割り△

麹芋、掛け芋とも鹿児島県産の綾紫100%。ワインを思わせる上品で華やかな味わいが特徴。姉妹銘柄で黄金千貫100%の「宝山芋麹全量」とともに人気。

晴耕雨讀《せいこううどく》

鹿児島県　芋

流されず、しがみつかず
独自の世界観で芋の可能性を追求

希望小売価格　720㎖ 1430円　1.8ℓ 2640円

度数………25%
原料………芋（黄金千貫）、米
麹菌………米麹（白）
蒸留方式…常圧

名のごとく、日々の生活に潤いを添えるような一本。しっかり味があるのに、軽やかな飲み口で飲み飽きない。ロックもいけるが、湯割りでいっそう芋の香りがふくらむ。

リッチ	シンプル ーー□□■□□□□ー 複雑		
ストレート○	ロック◎	水割り○	お湯割り◎

薩摩半島の南端、東シナ海を望む小さな町の蔵で、「焼酎は常に人々の中にあって、労働と共にある」との精神を引き継いで酒造りを続けてきた。庶民に愛されるものこそを造りたい、という真摯な姿勢を持った蔵元で、地元では知られていたが、その名が広まったのは、この「晴耕雨讀」の存在が大きい。「決して万人受けするような焼酎ではない」とも言うが、バランスよくやわらかい味わいで多くのファンを持つ。

伝統の技術に加え、米焼酎をわずかにブレンドする新手法で、主張しすぎる芋のクセを抑えて風味を上げ、貯蔵熟成の期間を長くしてまろやかな風味を生み出し、それまでの芋焼酎のイメージを覆した。

(有)佐多宗二商店
℡0993-38-1121
鹿児島県南九州市頴娃町別府4910
明治41年(1908)年創業

当醸造所のおもなラインナップ

白麹《しろこうじ》かめ壺《つぼ》仕《じ》込《こ》み貯蔵《ちょぞう》晴耕《せいこう》雨《う》讀《どく》

希望小売価格　1.8ℓ 2880円

度数…25%　原料…芋(黄金千貫)

麹菌…米麹(白)　蒸留方式…常圧

フレーバー	シンプル ーー□□□■□□□ー 複雑		
ストレート○	ロック○	水割り○	お湯割り◎

甕壺で10ヵ月ほど貯蔵し、まろやかな口当たり。秋期のみの季節限定品。夏期には黒麹かめ壺仕込みの限定品もある。

角玉《かくたま》

希望小売価格　720mℓ 1070円　1.8ℓ 2050円

度数…25%　原料…芋(黄金千貫)

麹菌…米麹(黒)　蒸留方式…常圧

フレーバー	シンプル ーー□□■□□□□ー 複雑		
ストレート○	ロック○	水割り○	お湯割り◎

時代の流れの中で一度消えたかつての代表銘柄名を、新たな黒麹仕込みで復活。地元産の採れたて芋のみを使った素直な芋らしい芋で、気取りのなさが嬉しい。

不二才《ぶにせ》

希望小売価格　720mℓ 1330円　1.8ℓ 2520円

度数…25%　原料…芋(黄金千貫)

麹菌…米麹(白)　蒸留方式…常圧

リッチ	シンプル ーー□□□□■□□ー 複雑		
ストレート○	ロック○	水割り○	お湯割り◎

鹿児島弁で醜男を意味する名前どおりに、無骨なほどに芋らしさを主張している。芋焼酎の魅力を存分に発揮した通好みの逸品。

不二才醅《ぶにせはい》

希望小売価格　1.8ℓ 3400円

度数…30%　原料…芋(黄金千貫)

麹菌…米麹(白)　蒸留方式…常圧

リッチ	シンプル ーー□□□□□■□ー 複雑		
ストレート○	ロック○	水割り○	お湯割り◎

醅とは無濾過の酒のこと。芋の存在感たっぷりの不二才の、さらに骨太で素朴な真価が大いに発揮されている。

薩摩酒造（株）
℡0993-72-1231
鹿児島県枕崎市立神本町26
昭和11年（1936）創業

さつま白波《さつましらなみ》

鹿児島県　芋

芋焼酎を全国に知らしめた圧倒的な人気を誇るブランド

希望小売価格　900mℓ ¥872 1.8ℓ ¥1660（いずれも税別）

度数………25%
原料………芋（黄金千貫）
麹菌………米麹（白）
蒸留方式…常圧

開聞岳の麓で収穫された上質な芋を使用。芋の甘味のバランスが良い。もちろんお湯割りが定番だが、ロックや水割りもお勧め。

リッチ	シンプル --□□□■□□□- 複雑		
ストレート○	ロック○	水割り○	お湯割り◎

全国的な知名度を誇る「さつま白波」は、芋焼酎の代表格として長年人々に親しまれてきた。かつては地元での飲み方だった「お湯割り」を、CMによって日本中に広めた功績は大きい。近年はさらに旨味がパワーアップ。飲み方を変えれば、いろいろな味わいが楽しめる。

当醸造所のおもなラインナップ

黒白波《くろしらなみ》

720mℓ 1000円　900mℓ 872円　1.8ℓ 1660円（いずれも税別）/25%/芋/米麹（黒）/常圧

黒瀬杜氏が造った黒麹ブームの火付け役。やわらかな甘さの中に力強さがある。

リッチ	シンプル --□□□□■□□- 複雑		
ストレート○	ロック○	水割り○	お湯割り◎

我《われ》は海《うみ》の子《こ》

720mℓ 1200円（税別）/25%/芋/米麹（白）/常圧

海洋酵母で仕込み、海洋深層水で仕上げたユニークな焼酎。やわらかくすっきりとした旨味が特徴。

フレーバー	シンプル --□■□□□□□- 複雑		
ストレート○	ロック◎	水割り◎	お湯割り△

明治《めいじ》の正中《しょうちゅう》

720mℓ 1600円　1.8ℓ 3100円（いずれも税別）/25%/芋、米麹（黄）/常圧

明治35年当時の仕込み法で再現した、本格焼酎の原点。濃い旨味と淡い酸味が特徴。

リッチ	シンプル --□□□□■□□- 複雑		
ストレート○	ロック◎	水割り○	お湯割り◎

薩摩乃薫純黒《さつまのかおりじゅんくろ》

芋　鹿児島県

田村（名）
☎0993-34-0057
鹿児島県指宿市山川成川7351-2
明治30年（1897）創業

さつまいもが伝来した地で 芋焼酎造り一筋に力を注ぐ

希望小売価格　900㎖ 966円 1.8ℓ 1806円（地元価格）

度数………25%
原料………芋（黄金千貫）
麹菌………米麹（黒）
蒸留方式…常圧

黒麹造りならではの芋独特の甘味と、キメ細やかな口当たりが特徴。後味のキレもいい。やわらかな味わいになるお湯割りがお勧めだが、ロックで味わえば風味が生きる。

リッチ	シンプル --□□□□□■□- 複雑		
ストレート○	ロック◎	水割り○	お湯割り◎

さつまいも伝来の地と伝えられる指宿《いぶすき》市山川《やまがわ》にあり、創業以来、芋焼酎一筋に力を注いできた。新商品造りにも挑み続けているが、今も使われている甕《かめ》は、創業当時の年代もの。この甕で一次を仕込み、二次をホーロータンクで仕込んだのが、まろやかな味わいが堪能できる「純黒」だ。

当醸造所のおもなラインナップ

鷲尾《わしお》

1.8ℓ 2415円（地元価格）/25%/芋/米麹（白L型）/常圧

白麹の中に日本酒に使う黄麹を混ぜることで、上品で口当たりがよく、香りも心地よい。

リッチ	シンプル --□□□■□□□- 複雑		
ストレート○	ロック○	水割り○	お湯割り◎

薩摩乃薫《さつまのかおり》

1.8ℓ 1806円（地元価格）/25%/芋/米麹（白）/常圧

古くから地元で親しまれている蔵の代表銘柄。白麹らしいなめらかで優しい味わい。喉越しのキレもいい。

リッチ	シンプル --□□□■□□□- 複雑		
ストレート○	ロック○	水割り○	お湯割り◎

薩摩乃薫《さつまのかおり》かめ壺《つぼ》仕込《じこ》み純黒《じゅんくろ》

1.8ℓ 2415円（地元価格）/25%/芋/米麹（黒）/常圧

創業当時の年代の甕で一次・二次まで仕込む。まろみ感とふくらみのある味わいを楽しめる、手間暇かけて造られた本格派だ。

リッチ	シンプル --□□□□■□□- 複雑		
ストレート○	ロック○	水割り○	お湯割り◎

匠の華《たくみのはな》

鹿児島県　芋

極上の芋の最上の部分のみ使う旬の時期限定の吟醸焼酎

希望小売価格	720㎖ 2500円

度数……… 30%
原料……… 芋（黄金千貫）
麹菌……… 米麹（白）
蒸留方式… 常圧

開聞山麓水系の軟水を使って造り、名のとおり、華やかな香りと甘味が魅力。これほど上品できれいな芋焼酎も珍しい。芋の旬の時期だけ限定生産される。

フレーバー	シンプル ーー□□□■□□□ー 複雑		
ストレート○	ロック○	水割り○	お湯割り◎

昭和35年に企業として創業したが、造り酒屋としての歴史は享保15年（１７３０）まで遡る。社名は、焼酎の原料であるさつまいもの収穫期が、二十四節気の「白露」の時期に当たることからの命名。さらに蔵のある指宿《いぶすき》市山川《やまがわ》は、日本で最初にさつまいもが伝来したとされ、上質の芋を産する鹿児島半島の最南端の地。まさに絵に描いたような芋へのこだわりぶりである。

社名を冠した「白露」をはじめ、数々のブランドを揃える。いずれも評価は高いが、なかでも逸品と呼ばれるのが「匠の華」。指宿産の極上の黄金千貫《こがねせんがん》を使い、皮を厚く剥いて芋の真ん中の部分のみ使う贅沢な製法。いわば吟醸焼酎といえよう。

白露酒造（株）

℡0993-35-2000
鹿児島市指宿市山川大山987
昭和35年（1960）創業

当醸造所のおもなラインナップ

麻《ま》友《ゆ》子《こ》Sweet《すいーと》

希望小売価格　720mℓ 1282円　1.8ℓ 2520円

度数…22%　原料…芋（黄金千貫）

麹菌…米麹（白）　蒸留方式…減圧

フレーバー	シンプル --□■□□□□□- 複雑		
ストレート○	ロック◎	水割り◎	お湯割り○

芋の香りを抑え甘味ほのかに。減圧蒸留ならではのやわらかな味わいは、芋が苦手な人や女性にも好まれるという。

白露《はくろ》黒麹《くろこうじ》

希望小売価格　900mℓ 991円　1.8ℓ 1810円

度数…25%　原料…芋（黄金千貫）

麹菌…米麹（黒）　蒸留方式…常圧

リッチ	シンプル --□□□□■□□- 複雑		
ストレート○	ロック○	水割り◎	お湯割り◎

黒麹が芋の香と力強さを引き出している。コクと瑞々しさを兼ね備え、ほのかな甘味もある深い味。水割りやお湯割りがいい。

白露《はくろ》白麹《しろこうじ》

希望小売価格　900mℓ 991円　1.8ℓ 1810円

度数…25%　原料…芋（黄金千貫）

麹菌…米麹（白）　蒸留方式…常圧

リッチ	シンプル --□□□■□□□- 複雑		
ストレート○	ロック○	水割り○	お湯割り◎

白露の原点とされるきれいな焼酎。すっきりしてやわらかな味わいは白麹ならでは。まろやかさはお湯割りでいっそう引き立つ。

岩《いわ》いずみ

希望小売価格　720mℓ 1201円　1.8ℓ 2302円

度数…25%　原料…芋（黄金千貫）

麹菌…米麹（白・黒）　蒸留方式…常圧・減圧

ライト	シンプル --□■□□□□□- 複雑		
ストレート○	ロック◎	水割り○	お湯割り○

「岩の間からほとばしる清冽な水のように」という、キレのよいブレンド焼酎。黒麹と白麹に加え、常圧と減圧のブレンドでもある。

(有)中村酒造場
℡0995-45-0214
鹿児島県霧島市国分湊915
明治21年(1888)創業

なかむら《なかむら》

鹿児島県　芋

明治以来の大甕でじっくり仕込み
純手造りで育む人気銘柄

希望小売価格　1.8ℓ 3000円

度数………25%
原料………芋（黄金千貫）
麹菌………米麹（白）
蒸留方式…常圧

“純手造り”をうたう丁寧な製法が、芋の特徴をしっかりと残しながら、まろやかな口当たりを生み出す。甘口で香りがよく、お湯割りや水割りでより風味を増す。

リッチ	シンプル ––□□□■□□□– 複雑		
ストレート○	ロック○	水割り◎	お湯割り◎

明治21年創業の老舗蔵元で、創業以来の室屋（麹室）でモロブタ（麹蓋）を使って麹を造り、大甕《おおがめ》に仕込む手造り手法を守り続ける。芋は大隅《おおすみ》半島の黄金千貫《こがねせんがん》、麹米は霧島山麓のカルゲン農法米ヒノヒカリを使うなど原料にもこだわる。「なかむら」は人気ランキングの常連だ。

当醸造所のおもなラインナップ

玉露甕仙人《ぎょくろかめせんにん》

720mℓ 1365円　1.8ℓ 2360円/25%/芋（黄金千貫）/米麹（白）/常圧

「玉露」は蔵の代表銘柄の一つ。なかでもこの甕仙人は、甘口ながらすっきりした飲み口が秀でる。

リッチ	シンプル ––□□■□□□□– 複雑		
ストレート○	ロック○	水割り○	お湯割り◎

玉露黒麹《ぎょくろくろこうじ》

900mℓ 970円　1.8ℓ 1830円/25%/芋（黄金千貫）/米麹（黒）/常圧

緑茶の玉露のように最高峰を目指し命名されたのが「玉露」。黒麹ならではのスモーキーな香りとコクが特徴。お湯割りで味わいたい。

リッチ	シンプル ––□□□■□□□– 複雑		
ストレート○	ロック○	水割り○	お湯割り◎

いも麹芋《いもこうじいも》

いも麹芋

芋　鹿児島県

国分酒造協業組合
☎0995-47-2361
鹿児島県霧島市国分川原1750
昭和61年（1986）創業

業界の常識をうち破り 画期的な芋100%焼酎を開発

地元の焼酎製造業者10社が昭和45年に加《か》治《じ》木《き》酒造協業組合を設立、うち6社が製造免許を一本化して国分《こくぶ》酒造協業組合として発足。業界初となる、麹も含め芋100％の「いも麹芋」を平成10年に発売。このほか、大正時代に作られていた芋を復活させるなど、常に新しい試みに挑戦している。

希望小売価格　720㎖ 1160円　1.8ℓ 2270円

度数………26%
原料………芋（黄金千貫）
麹菌………芋麹（白）
蒸留方式…常圧

芋麹の開発により、芋100%を実現した焼酎。若干の渋みと苦みが感じられる、文字どおり芋の個性を十二分に引き出した味。お湯割りで最も甘味が引き立つ。

フレーバー	シンプル ――■□□□□□□― 複雑		
ストレート○	ロック◎	水割り○	お湯割り◎

当醸造所のおもなラインナップ

蔓無源氏《つるなしげんじ》

1.8ℓ 2570円/26%/芋（蔓無源氏）/米麹（黒）/常圧

大正から昭和初期まで作られていた、高でんぷんの芋・蔓無源氏を100%使用。非常に甘味が強いのが特徴だ。原酒37%の銘柄（1.8ℓ 3570円）もある。

リッチ	シンプル ――□□□■□□□― 複雑		
ストレート○	ロック○	水割り○	お湯割り◎

萬膳《まんぜん》

鹿児島県　芋

(有) 萬膳酒造
📞0995-45-0112
鹿児島県霧島市永水字宮迫4535
大正11年 (1922) 創業

三十余年を経て復活
霧島の山小舎の蔵の希少酒

先代亡き後、30年以上も途絶えていた焼酎造りを、平成11年に四代目が水のきれいな霧島山中で復活。生産量約200石の小さな蔵だが、黒瀬杜氏の叔父の教えを受け醸した「萬膳」は、手造り黒麹・木桶蒸留機使用・一次二次甕壺《かめつぼ》仕込み。昔ながらの手仕事が、やわらかい逸品を生み出す。

希望小売価格　720mℓ 2520円　1.8ℓ 3045円

度数………25%
原料………芋 (黄金千貫)
麹菌………米麹 (黒)
蒸留方式…常圧

契約農家の芋、減農薬米ひとめぼれ、超軟水の霧島レッカ水を使用。木桶蒸留機による木の香がほのかに漂い、味わい優しく甘味と余韻が心地よい。ロック、お湯割りで飲みたい。

リッチ	シンプル ――□□□□■□□― 複雑		
ストレート○	ロック◎	水割り○	お湯割り◎

当醸造所のおもなラインナップ

萬膳庵《まんぜんあん》

720mℓ 2520円　1.8ℓ 3045円/25%/芋/米麹 (黄)/常圧

主に日本酒で使用する黄麹を使って醸造したもので、すっきりした甘味と、口当たりのやわらかさが特徴。香りには華やかさもあり、全体の雰囲気は上品。

リッチ	シンプル ――□□■□□□□― 複雑		
ストレート○	ロック◎	水割り○	お湯割り○

真鶴《まなづる》

720mℓ 2520円　1.8ℓ 3045円/25%/芋/米麹 (白)/常圧

先代が造っていた銘柄。一時蔵を閉じ酒店を営業していた頃には、他の蔵元に生産委託して名をつないできたが、再興後自社で復活。旨味豊かで風味さわやか。お湯割りにしても芋の風味が損なわれない。

リッチ	シンプル ――□□□■□□□― 複雑		
ストレート○	ロック○	水割り○	お湯割り◎

明るい農村《あかるいのうそん》

芋　鹿児島県

(株) 霧島町蒸留所
☎0995-57-0865
鹿児島県霧島市霧島田口564-1
明治44年 (1911) 創業

良い土から生まれた芋と米が昔ながらの和甕で醸し出される

希望小売価格　720㎖ 1260円　1.8ℓ 2500円

度数………25%
原料………芋 (黄金千貫)
麹菌………米麹 (白、黒)
蒸留方式…常圧

「良き焼酎は良き土から生まれる。良き土は明るい農村にあり」がコンセプト。やや辛口でコクがあり、芋の旨味が凝縮されている。名前のとおり口中に明るさが広がる。

リッチ	シンプル ーー□□■□□□□ー 複雑		
ストレート○	ロック○	水割り○	お湯割り◎

名社・霧島神宮の門前蔵。昔から蔵に受け継がれてきた53の甕壺で仕込む伝統を守り、霧島山麓の清らかな湧き水で仕上げることで、豊かな芋の香りと深いコクのある焼酎を造り上げている。代表銘柄の「明るい農村」は黒麹と白麹をブレンドしたもので、昔風味のやや辛口。

当醸造所のおもなラインナップ

赤芋《あかいも》仕込《しこ》み明《あか》るい農村《のうそん》

720㎖ 1320円　1.8ℓ 2680円/25%/芋 (赤芋)/米麹 (黒)/常圧
優しい甘さとフルーツのような香りがあり、飲み口がすっきりしている。

フレーバー	シンプル ーー□■□□□□□ー 複雑		
ストレート○	ロック◎	水割り○	お湯割り○

農家《のうか》の嫁《よめ》

720㎖ 1500円　1.8ℓ 2680円/25%/芋 (黄金千貫)/米麹 (黒)/常圧
日本初の炭火焼き焼き芋焼酎。芋は、遠赤外線効果の強い溶岩で作った釜でふっくらと焼く。

リッチ	シンプル ーー□□□■□□□ー 複雑		
ストレート○	ロック○	水割り○	お湯割り◎

百姓百作安納芋《ひゃくしょうひゃくさくあんのういも》

720㎖ 1320円　1.8ℓ 2680円/25%/芋 (安納芋)/米麹 (黒)/常圧
安納芋が素材のため、芋の甘さが際立つ。「百姓百作」シリーズには、紅東や農林46号、大地の夢を原料にした焼酎もある。

リッチ	シンプル ーー□□■□□□□ー 複雑		
ストレート○	ロック○	水割り○	お湯割り◎

しらたまのしずくしろ

白玉の雫白

霧島横川酒造（株）
☎0995-64-6677
鹿児島県霧島市横川町上ノ3280-5
昭和25年（1959）創業

鹿児島県　芋

霧島からの名水と職人の腕が まろやかで優しい味わいを生む

希望小売価格　720mℓ 987円　1.8ℓ 1888円

度数………25%
原料………芋（黄金千貫）
麹菌………米麹（白）
蒸留方式…常圧

「白玉の雫白」は、当蔵の代表銘柄にふさわしく、飽きのこない優しい味と香りが魅力。さらに、火山岩層を浸透する途中で各種ミネラルが供給され、五味調和した地下水「蒼き水」を仕込み水にすることで、まろやかさをもたらしている。お湯割りで味わうと旨味がより引き立つ。黒麹で仕込んだ「白玉の雫黒」もある。

リッチ	シンプル —□■□□□□□— 複雑		
ストレート○	ロック○	水割り○	お湯割り◎

姶良《あいら》郡姶良町にあった前身の帖佐醸造を引き継ぎ、霧島山系に渾々《こんこん》と湧く上質な水に魅せられて霧島市に移転し、蔵を構えた。契約農家が栽培する黄金千貫《こがねせんがん》と地元の伊佐米、名水「蒼《あお》き水」を原料に、最新鋭の製造設備の中で、昔ながらの製法を頑固に守り通したこだわりの焼酎を醸している。

当醸造所のおもなラインナップ

微風烈風《びふうれっぷう》

1.8ℓ 2700円/25%/芋（黄金千貫）/米麹（黒）/常圧

当蔵の最新ブランドの一つ。キリリとした味の中に優しい芋の甘さを含んだ仕上がりが、霧島山系から吹き降ろす春の微風、冬の烈風をイメージさせることからの命名という。平成19酒造年度鹿児島県本格焼酎鑑評会において、発売1年目で優等賞を受賞し話題を呼んだが、以来連続受賞を更新中。文字どおり新しい“風”を吹き込んだ一品だ。

リッチ	シンプル —□□■□□□□— 複雑		
ストレート○	ロック○	水割り○	お湯割り◎

黒麹仕込佐藤《くろこうじじこみさとう》

芋　鹿児島県

佐藤酒造（有）
☎0995-76-0018
鹿児島県霧島市牧園町宿窪田2063
明治39年（1906）創業

真心込めて仕込まれた
楽しく飲める力強い酒

希望小売価格 720㎖ 1680円 1.8ℓ 3350円(関東価格)

度数………25%
原料………芋（黄金千貫）
麹菌………米麹（黒）
蒸留方式…常圧

芋独特のしっかりとした甘さ、香ばしさを醸し出す、重くて力強い味わいが特徴。数年間の熟成がなす滑らかさも併せ持ち、料理の邪魔をしないことから、食中酒としても人気が高い。お湯割りや前割りお燗で楽しむのがお勧めだ。余韻が残る後味も焼酎ファンを魅了する。

リッチ	シンプル ——□□□□■□□— 複雑		
ストレート○	ロック○	水割り○	お湯割り◎

明治時代創業の老舗蔵元。一時期は加治《かじ》木《き》酒造協業組合に加盟するが、昭和59年に脱退し、佐藤酒造として復活した。タワシで擦って芋の下処理をするなど、丁寧な焼酎造りに定評がある。白麹仕込の「佐藤」で人気の蔵だが、「黒麹仕込佐藤」の力強い味わいがさらにファンを増やした。

当醸造所のおもなラインナップ

佐藤《さとう》

720㎖ 1600円 1.8ℓ 3190円（関東価格）/25%/芋/米麹（白）/常圧

黒麹仕込が人気だが、蔵元の名を一躍高めたのはこの白麹仕込の「佐藤」。黒麹仕込と並び立つ佐藤酒造の双璧である。素直に甘さを引き出した、やわらかい味わいで飲みやすく、ついつい杯を重ねてしまう。黒麹仕込を男性的と例えれば、こちらは女性的とも言える。

リッチ	シンプル ——□□■□□□□— 複雑		
ストレート○	ロック○	水割り○	お湯割り◎

白金乃露《しらかねのつゆ》

鹿児島県　芋

白金酒造（株）
℡0995-65-2103
鹿児島県姶良市脇元1933
明治2年（1869）創業

磨き芋仕込みにこだわる
鹿児島を代表するロングセラー

希望小売価格 900mℓ 916円 1.8ℓ 1746円（関東地区価格）

度数………25%
原料………芋（黄金千貫）
麹菌………米麹（白）
蒸留方式…常圧

大正時代から地元で愛飲されてきたロングセラー焼酎。白麹仕込みのすっきりした飲み口と、さつまいも特有の旨味が感じられる。人肌ていどのお湯割りで味わえば、飲み飽きない。

リッチ	シンプル ーー□■□□□□□ー 複雑		
ストレート○	ロック◎	水割り◎	お湯割り◎

鹿児島でも有数の歴史の古い焼酎蔵。初代川田和助氏がこの地で〝白銀の名水〟と呼ばれる仕込み水に出会い創業。以来、水と原料にこだわり、芋はヘタや傷みの部分をすべて除いた「磨き芋」を使用。代表銘柄「白金乃露」は、丁寧な作りが認められ、鹿児島県内で屈指の人気を誇る焼酎である。

当醸造所のおもなラインナップ

手《て》造《づく》り焼酎《しょうちゅう》石蔵《いしぐら》

720mℓ 2100円　1.8ℓ 3990円/25%/芋（黄金千貫）/米麹（白）/常圧

平成13年8月に仕込み場・石蔵が、文化庁の登録有形文化財に指定された。石蔵は、西南戦争の時、西郷軍の陣屋になったといわれ、また西郷隆盛が狩猟帰りに立ち寄って焼酎を飲んだとも伝わる。厳選された芋を使用し、この蔵で甕仕込み、木桶蒸留で仕上げたのが、手造り焼酎石蔵だ。明治時代の味を再現した力強い香りとコクがみごと。最初はストレートで味わいたい。

リッチ	シンプル ーー□□□□■□□ー 複雑		
ストレート◎	ロック○	水割り○	お湯割り○

森伊蔵《もりいぞう》

芋　鹿児島県

(有)森伊蔵酒造
☎0994-36-2063
鹿児島県垂水市牛根境1337
明治18年(1885)創業

全身全霊をかけて生み出された繊細で気品のある名品

希望小売価格　1.8ℓ 2500円

度数………25%
原料………芋(黄金千貫)
麹菌………米麹(白)
蒸留方式…常圧

全国的に絶大な人気があるプレミアム焼酎。芋のふくよかな香りと、きめ細やかな味わいは一度飲んだら忘れられないほど。まずはストレートで味わいたい。ロック、お湯割りもいい。

フレーバー	シンプル ーー□■□□□□□ー 複雑		
ストレート◎	ロック◎	水割り○	お湯割り◎

明治から続く蔵元。昭和63年に五代目の森覚志氏が、「お客様が買いに来てくれる焼酎を造ろう」と決心。上質の黄金千貫《こがねせんがん》と福井産コシヒカリを使い、脈々と受け継いだ技と和甕《わがめ》のみで造り上げたのが、この名品「森伊蔵」。全焼酎銘柄中、最も人気が高く、「幻の焼酎」とも呼ばれる。

当醸造所のおもなラインナップ

極上《ごくじょう》森《もり》伊《い》蔵《ぞう》

720㎖ 5460円(タカシマヤでの抽選販売のみ)/25%/芋/米麹(白)/常圧

「森伊蔵」を約18℃の洞窟の中で、3年以上熟成させたもの。焼酎通の間では、絶品中の絶品という評価が定着。

リッチ	シンプル ーー□□■□□□□ー 複雑		
ストレート○	ロック◎	水割り○	お湯割り◎

さつまおいまつ

さつま老松

鹿児島県　芋

老松酒造（株）
℡099-477-0510
鹿児島県曽於郡大崎町菱田1270
明治34年（1901）創業

楽しく造り楽しく飲めるを追求した穏やかでやわらかな味わい

希望小売価格　900㎖ 970円　1.8ℓ 1810円

度数………25%
原料………芋（黄金千貫）
麹菌………米麹（白、黒）
蒸留方式…常圧

白麹仕込みと黒麹仕込みの原酒をブレンドしており、穏やかな香りとやわらかな旨味が特徴。極上のとろみ感が堪らない。お湯割りにすると、よりまろやかな味わいを楽しめる。

リッチ	シンプル ーー□■□□□□□ー 複雑		
ストレート○	ロック◎	水割り○	お湯割り◎

大隅《おおすみ》半島は上質の黄金千貫《こがねせんがん》の産地として知られる。蔵元所在地はその本場の半島の中ほど。「酒は、造り手が楽しく造ってこそ、飲む方も楽しく飲める」を社是に、地元の芋と霧島山系の伏流水を用いて人気焼酎を生み出す。「さつま老松」はモットーどおりの、創業以来の楽しく飲める代表銘柄だ。

当醸造所のおもなラインナップ

ゆうのこころ

720㎖ 1178円　900㎖ 1272円　1.8ℓ 1998円/25%/芋（黄金千貫）/米麹（黒）/常圧
厳選したYM菌栽培の鹿児島県産黄金千貫を黒麹100%で仕込み、タンクで熟成させた本格派。コクがある上すっきりとしたキレもある。

リッチ	シンプル ーー□□■□□□□ー 複雑		
ストレート○	ロック○	水割り○	お湯割り◎

極《きわみ》の芋《いも》

360㎖ 2415円/44%/芋（黄金千貫）/米麹（黒）/常圧
地元大隅産の上質の黄金千貫を、油成分が出てくる前にカットし、いいとこ取りで使用。さらに加水をせずに原酒を熟成。豊かな旨味がある。度数の高さを感じさせない口当たりの良さが特徴で、ロックで味わうのが断然いい。

リッチ	シンプル ーー□□□□□■□ー 複雑		
ストレート○	ロック◎	水割り△	お湯割り△

さつまくろわかしお

さつま黒若潮

芋　鹿児島県

若潮酒造（株）
℡099-472-1185
鹿児島県志布志士志布志町安楽215
昭和43年（1968）創業

最新設備で品質を安定し 熟練の技で味と香りを高める

希望小売価格　900㎖ 970円　1.8ℓ 1840円

度数………25%
原料………芋（黄金千貫）
麹菌………米麹（黒）
蒸留方式…常圧

豊かな甘味と香りが特徴で、旨味がいつまでも口中に残り、芋焼酎の魅力を堪能できる。ロックや冷やして飲むとその旨味がストレートに伝わる。ぬる湯割りもいい。

リッチ	シンプル ---□□□■□□□- 複雑		
ストレート○	ロック◎	水割り○	お湯割り◎

良質な黄金千貫の産地として知られる志《し》布志《ぶし》で、5つの蔵元が協業組合（現在は株式会社）を設立。いち早く蔵を機械化して品質を安定させた。一方、昔ながらの甕壺《かめつぼ》仕込みや木樽蒸留も行い、さらにトンネル貯蔵保管庫を新設するなど、独自の味と香りを造り上げている。

芋焼酎のほか麦焼酎も造るが、多くの銘柄が国内外の鑑評会やコンテストで次々と受賞。なかでも高い評価を受けているのが「さつま黒若潮」だ。地元大隅産の新鮮な黄金千貫、シラス台地で磨かれた志布志の地下水を使用し、黒麹で仕込んだもので、貯蔵熟成を経て、芳醇な甘味とコク、旨味を引き出している。

三岳酒造（株）
☎0997-46-2026
鹿児島県熊毛郡屋久町安房2625-19
昭和33年（1958）創業

三岳《みたけ》

鹿児島県　芋

屋久島の名水で仕込まれた飲みやすくてさわやかな酒

希望小売価格　900mℓ 985円　1.8ℓ 1840円

度数………25%
原料………芋（黄金千貫）
麹菌………米麹（白）
蒸留方式…常圧

バナナの葉が描かれた、南国ムード豊かなラベルが目印。まろやかな味わいで飲み口が良く、後味もすっきりとしている。さらに手頃な値段も魅力だ。

リッチ	シンプル ーー□□□□■□□ー 複雑		
ストレート○	ロック○	水割り○	お湯割り◎

世界自然遺産登録の屋久島に建つ蔵元。樹齢数千年の杉の原生林で濾過された屋久島の水は、名水百選の中でも屈指の名水と評判で、この水で仕込まれた「三岳」は、近年、首都圏で人気急上昇の銘柄だ。もともと地元で飲まれていた焼酎だけに、最近は県内で手に入らないとの嘆きも。

九州最高峰の宮之浦岳《みやのうらだけ》と永田岳《ながただけ》、黒味岳《くろみだけ》の名峰三座から命名されたこの銘柄は、その山々を源にする名水の恵みを受けた、まろやかな味わいが生命。飲み口が良く、さわやかな酔い心地へと誘う。ポピュラーだが約半量のお湯で割り、人肌ほどの温度で味わうと旨さ、甘さが際立つ。ストレート、ロック、水割りもいい。

南泉《なんせん》

芋　鹿児島県

上妻酒造（株）
℡0997-26-0012
鹿児島県熊毛郡南種子町中之上2480
昭和元年（1926）創業

種子島の小さな蔵元が醸す 秀逸な旨味と香りの芋焼酎

希望小売価格　900㎖ 970円 1.8ℓ 1810円（現地価格）

度数………25%
原料………芋（シロサツマ）
麹菌………米麹（白）
蒸留方式…常圧

種子島の定番焼酎。生でもクセがなく、甘くやわらかで飲みやすい。ロックにすると甘さが際立ち、お湯割りでは香りが引き立つ。

リッチ	シンプル ――□□□■□□□― 複雑		
ストレート○	ロック◎	水割り○	お湯割り◎

鉄砲伝来の地であり、宇宙センターのお膝元、南《みなみ》種《た》子《ね》町《ちょう》商店街の一角にある蔵元。この地の蔵元の中では最も小さいが、それゆえに杜氏の思いが一本一本にこもり、創業以来の伝統の技と味を今に伝える。代表銘柄「南泉」をはじめ、いずれも地焼酎らしい朴訥さ、芋の円熟した旨味を味わえる。

当醸造所のおもなラインナップ

黒《くろ》こうじ仕《し》込《こ》み南泉《なんせん》

900㎖ 990円　1.8ℓ 1840円（現地価格）/25%/芋（シロサツマ）/米麹（黒）/常圧

フルーティーな香りが鼻をくすぐる、クセのない上品な味わいが特徴。

リッチ	シンプル ――□□□■□□□― 複雑		
ストレート○	ロック○	水割り○	お湯割り◎

赤米麹宝満《あかまいこうじほうまん》

720㎖ 1550円　1.8ℓ 2485円（現地価格）/25%/芋（シロサツマ）/赤米麹/常圧

古代米の紅ろまんという赤米を麹に使った珍しい焼酎。芋の香りに赤米の醸すまろやかで奥深い味わいが加わる。

リッチ	シンプル ――□□■□□□□― 複雑		
ストレート○	ロック◎	水割り○	お湯割り○

むらさき浪《ろ》漫《まん》

720㎖ 1360円　1.8ℓ 2170円（現地価格）/25%/芋（ムラサキイモ）/米麹（黒）/常圧

種子島産のムラサキイモを使用し、黒麹で仕込んだ芋焼酎。フルーティーな甘さがあり、後口もすっきり。

フレーバー	シンプル ――□■□□□□□― 複雑		
ストレート○	ロック◎	水割り◎	お湯割り◎

べにいっすい
紅一粋

ヘリオス酒造（株）
☎0980-52-3372（0120-41-3975）
沖縄県名護市字許田405
昭和36年（1961）創業

沖縄県　芋

沖縄県産の紅いも100%
泡盛の地に珍しい本格焼酎

希望小売価格　720mℓ 1470円

度数………25%
原料………紅いも
麹菌………米麹（黒）
蒸留方式…非公開

ラベルは白地を基調に紅いも色の縁取りも清々しいが、味はしっかりとコクがある。沖縄本島南部のミネラル分豊富な土壌・島尻マージで栽培された紅いもの香りも華やか。

リッチ	シンプル ――□□□■□□□― 複雑		
ストレート○	ロック◎	水割り○	お湯割り○

泡盛古酒「くら」で有名な酒造メーカーで、沖縄の基幹作物であるサトウキビを使ってラム酒を造ったのが始まり。昭和54年に泡盛に着手し、その後、リキュールやビールなど多彩な酒造りに取り組んできた。そして平成20年、満を持して登場したのがこの「紅一粋」である。

「酒はその土地で穫れる作物で造る」という創業精神を受け継ぎ開発されたもので、地元の八重瀬町《やえせちょう》で穫れた沖縄特産の紅いもを原料に、泡盛で培った黒麹仕込みで仕上げた。紅いもの甘味と華やかな香り、芳醇なコクが特徴で、日本最南端で造られた本格芋焼酎という話題性だけでなく、味でも引けをとらない一品だ。

麦

Mugi

麦焼酎の基礎知識

壱岐《いき》と大分が麦焼酎の二大産地

麦焼酎の発祥は、九州北部の玄界灘《げんかいなだ》に浮かぶ壱岐といわれ、製造法の伝来は16世紀頃と伝わる。現在の長崎県壱岐市だが、江戸時代は肥前《ひぜん》（現在の長崎県）平戸藩の領地だったところ。当時は、米はほとんどが年貢として納められ、酒の原料に使うことができなかった。そのため年貢の対象外だった大麦を使い、酒を造ったのが始まりという。今ではその長い歴史が認められ、確立した製法や品質などが守られた原産地を、世界貿易機関が産地ブランド「壱岐焼酎」として保護するほど、その評価は高い。

一方、大分県も麦焼酎の産地としてよく知られた存在だ。こちらは江戸時代には清酒が主流で、酒粕を使った焼酎が造られていたといわれる。そして昭和48年に麦１００％の焼酎「吉四六《きっちょむ》」が販売され出してから、一躍麦焼酎の本場として躍り出る。大手メーカーが発売する「いいちこ」や「二階堂」といったブランドが人気となり、「大分焼酎」の名が定着した。

壱岐焼酎は伝統の常圧蒸留が多く、しっかりした麦の味を伝え、大分焼酎は減圧蒸留が多く、口当たりよく、さわやかな仕上がりと、それぞれ特徴を分け合っているのも面白い。

島の華《しまのはな》

麦　東京都

樫立酒造（株）
📞04996-7-0301
東京都八丈島八丈町樫立2051
大正14年（1925）創業

銅製蒸留装置で造られた創意工夫豊かな島酒

希望小売価格　700mℓ 957円　1.8ℓ 1780円

度数………25%
原料………大麦
麹菌………麦麹（白）
蒸留方式…常圧

八丈島の焼酎の起源は嘉永6年(1853)。ここから伊豆七島に広がった焼酎は島酒と呼ばれる。その伝統の八丈島で人気の高いこの銘柄の名は、蔵元の周囲に群生する椿から名付けられたもの。1年間タンク貯蔵することで、口に含むと麦の香ばしさが広がり、口当たりはなめらかで、コクがあり味わい深い焼酎に仕上がっている。お湯割りがお勧めだが、ロックで味わうのもいい。

リッチ	シンプル □□□□■□□□□ 複雑		
ストレート○	ロック◎	水割り○	お湯割り◎

当醸造所のおもなラインナップ

35度島《さんじゅうごどしま》の華《はな》

700mℓ 1473円　1.8ℓ 2210円/35%/大麦/麦麹（白）/常圧

「島の華」を1年間瓶熟成したもの。芳醇な味わいが楽しめるが、35度の度数のわりには、口当たりがよく喉越しもさわやか。瓶のほかとっくり詰めもある。ロックで、ゆっくり味わいながら飲むのがお勧めだ。

キャラクター	シンプル □□□□□■□□□ 複雑		
ストレート○	ロック◎	水割り○	お湯割り○

伊豆諸島における焼酎造りの発祥地・八《はち》丈島《じょうじま》の三原山山腹に建つ蔵元。代表銘柄の「島の華」は、島の人々だけではなく、観光客やダイバーの人気も高い。酒の味を良くするため、スコッチウィスキーに使う銅製の蒸留装置を設置。独創的なアイデアを駆使し、より旨い酒造りを目指している。

しまじまん

嶋自慢

東京都　麦

(株) 宮原
℡04992-5-0016
東京都新島村本村1-1-5
大正15年 (1926) 創業

探求心旺盛な蔵元が造る
麦の香ばしさたっぷりの島酒

希望小売価格　700㎖ 1050円 1.8ℓ 1900円(島外価格)

度数………25%
原料………麦(国産大麦)
麹菌………麦麹(白)
蒸留方式…常圧

全量国産大麦を使用。香ばしさがあり、まろやかな口当たりと甘味が特徴。お湯割りか、割り水してぬる燗にすると、より味が映える。

リッチ	シンプル □□□□□■□□□□ 複雑		
ストレート○	ロック◎	水割り○	お湯割り◎

美しい砂浜で知られる伊豆七島・新島《にいじま》で唯一の焼酎蔵。大正時代に創業した清酒醸造の新島酒造から、戦後、焼酎専門蔵として独立したものだ。家族中心で営む小さな蔵だが、国産大麦100％の麦焼酎「嶋自慢」は、長年、地元の人々に愛飲されてきた代表銘柄である。

「限られた設備だが、よりうまいものを造る」という信念から、常圧蒸留にこだわり、温度管理などすべての工程に目を配るのがここのよさ。東京国税局の酒類鑑評会で、優等賞を連続受賞したのも、この焼酎造りが認められたからだ。芋焼酎のほか、近年は米焼酎にも挑戦し、評価の高い純米本格焼酎を発表している。

麦焼酎達磨黒麹仕込み《むぎしょうちゅうだるまくろこうじしこみ》

中国醸造（株）
☎0829-32-2117
広島県廿日市市桜尾1-12-1
大正7年（1918）創業

麦　広島県

地元広島県産にこだわり
香り豊かな味わいを生み出す

希望小売価格　720mℓ 945円　900mℓ 1050円　1.8ℓ 1890円

度数………25%
原料………六条大麦（さやかぜ）
麹菌………麦麹（黒）
蒸留方式…減圧

味噌や醤油の原料に使われることが多い六条大麦を焼酎にという発想が卓抜。芳醇な香りが楽しめコクもある一品だ。ロック、水割りで飲むと味が生きる。

ライト	シンプル □□■□□□□□□□ 複雑		
ストレート○	ロック◎	水割り◎	お湯割り○

日本三景の一つ、安芸《あき》の宮島《みやじま》の対岸に位置する蔵元。焼酎甲類の醸造で出発し、清酒などへと進出した中国地方屈指の酒類総合メーカーだ。原点となった甲類は「ダルマ焼酎」として今も親しまれているが、芋、麦の本格焼酎にも「達磨」のブランド名を使う。その麦焼酎の自信作が、モンドセレクション金賞受賞歴を持つ「達磨黒麹仕込み」だ。

広島県内・世羅町《せらちょう》の契約農家で栽培された六条大麦・さやかぜを採用。香ばしい香りが引き立つといわれる新種で、これを黒麹で仕込み、減圧蒸留で仕上げた。華やかな香りとコクがあり、ほのかにフルーティーな味わいも楽しめる。

らんびき25《らんびきにじゅうご》

福岡県　麦

ゑびす酒造（株）
☎0946-62-0102
福岡県朝倉市杷木林田680-3
明治18年（1885）創業

3年以上長期貯蔵熟成が醸す円熟したコクと旨味

希望小売価格　720ml 1300円 1.8l 2180円（本州価格）

度数………25%
原料………大麦
麹菌………米麹（白）
蒸留方式…常圧

「らんびき」とは、古代ギリシャの蒸留機「アランビック」から。樫樽で3年以上貯蔵熟成することで、芳醇でまろやか、甘く優しい余韻がある焼酎に仕上がっている。ロック、水割りで飲むとこの酒の良さがよりわかる。

キャラクター	シンプル □□□□□□■□□□ 複雑		
ストレート○	ロック◎	水割り◎	お湯割り△

福岡県南東部、筑後川《ちくごがわ》と山々に囲まれた緑豊かな地で営む蔵元。英彦山《ひこさん》水系のミネラル豊富な地下水と筑後川流域で育った大麦を原料に、自然な旨味とコク、より深い味わいの焼酎に仕上げるため、日々研究を重ねている。長期貯蔵に取り組み、現在は3年以上の貯蔵酒のみを出荷する。

当醸造所のおもなラインナップ

古酒《こしゅ》ゑびす蔵《ぐら》

720ml 1470円　1.8l 2520円（本州価格）/25%/大麦/米麹（白）/常圧

原料由来の旨味がゆっくり広がる5年貯蔵熟成酒。和食と相性が良く、日常古酒に最適の自信作だ。

キャラクター	シンプル □□□□□□□■□□ 複雑		
ストレート○	ロック◎	水割り○	お湯割り△

けいこうとなるも

720ml 1130円　1.8l 2100円（本州価格）/25%/大麦/麦麹（白）/常圧

筑紫平野産二条大麦100%。麦の豊かな風味に加え、3年熟成によるまろやかで深みのある味わいが特徴だ。

リッチ	シンプル □□□□□■□□□□ 複雑		
ストレート○	ロック◎	水割り○	お湯割り◎

こふくろう《こふくろう》

研醸（株）
☎0942-77-3881
福岡県三井郡大刀洗町大字栄田1089
昭和58年（1983）創業

麦　福岡県

焙煎麦が醸し出す香ばしさがひと味違う麦焼酎を演出

希望小売価格　720mℓ 1067円　1.8ℓ 2153円

度数………25%
原料………大麦
麹菌………米麹（白）
蒸留方式…減圧

「こふくろう」は「子梟」。長期熟成「梟」の熟成前であることからの命名。独特な香ばしさと麦本来の甘さが漂い出る。ロック、水割りのほか、麦茶割りにも合う。

リッチ	シンプル □□□□■□□□□□ 複雑		
ストレート○	ロック◎	水割り◎	お湯割り○

個性的な焼酎造りに取り組んでいる蔵元だが、焙煎麦を使った焼酎も、独特な製法で注目される。開発のきっかけは、原料の麦の表面にある二日酔いの原因となる油分などを取り除くために焙煎したこと。それが香ばしさと甘味をひき出し、深い味わいの「こふくろう」などの銘酒が生まれた。

当醸造所のおもなラインナップ

梟《ふくろう》

720mℓ 2888円／40%／大麦／米麹（白）／減圧

「こふくろう」を樫樽で7年間熟成させた限定品。まろやかな樽香と琥珀色に、気品さえ漂う一品だ。

キャラクター	シンプル □□□□□□□□■□ 複雑		
ストレート◎	ロック◎	水割り△	お湯割り△

白《しろ》ふくろう

720mℓ 1420円／25%／大麦／米麹（白）／減圧

焙煎麦焼酎を特製の甕で5～7年間熟成。長期熟成ならではのやわらかな深みが堪能できる。

キャラクター	シンプル □□□□□□□□■□ 複雑		
ストレート◎	ロック◎	水割り△	お湯割り△

吾空《ごくう》

福岡県　麦

（株）喜多屋
☎0943-23-2154
福岡県八女市本町374
文政年間（1818～30）創業

伝統の貯蔵熟成技術をもって まろやかで深みある味を実現

江戸時代創業の清酒と本格焼酎の蔵元。創業以来180年間、「主人自ら酒造るべし」の家憲を受け継ぎ、現社長もまた酒造技術者。釈迦ケ岳《しゃかがだけ》を源にする清流矢部川《やべがわ》の伏流水と、厳選された原料、そして永年の卓越した貯蔵熟成技術をもって生み出される焼酎の代表格が「吾空」である。

希望小売価格　720mℓ 1344円　1.8ℓ 2993円

度数………25%
原料………大麦
麹菌………麦麹（黒）
蒸留方式…常圧

樫樽で3年以上熟成させた、長期貯蔵本格麦焼酎。スムーズな喉越しで、まろやかで伸びのある味わいと香ばしさが口中に広がる。ストレート、ロック、水割りで味わうのがお勧め。日本航空国際線のエグゼクティブクラスでも供されている。

キャラクター	シンプル □□□□□□■□□□ 複雑		
ストレート◎	ロック◎	水割り◎	お湯割り○

当醸造所のおもなラインナップ

是空《ぜくう》

720mℓ 2667円　1.8ℓ 5586円／37%／大麦／麦麹（黒）／常圧

長期熟成された樫樽貯蔵と甕貯蔵の原酒をブレンド。深い味わいとまろやかさを兼ね備えており、当蔵が自信を持って世に出した逸品だ。

キャラクター	シンプル □□□□□□□■□□ 複雑		
ストレート◎	ロック◎	水割り◎	お湯割り△

美空《びくう》

720mℓ 1344円　1.8ℓ 2993円／25%／大麦／麦麹（黒）／常圧

黒麹仕込みで常圧蒸留した原酒を甕で4年以上熟成。香ばしい甘味と、伸びのある味わいが魅力。ストレート、ロックで楽しみたい。

キャラクター	シンプル □□□□□□□■□□ 複雑		
ストレート◎	ロック◎	水割り○	お湯割り△

つくし白ラベル《つくししろらべる》

麦　福岡県

西吉田酒造（株）
📞0942-53-2229
福岡県筑後市和泉612
明治26年（1893）創業

5年熟成の原酒を巧みにブレンド 筑後平野の焼酎蔵の自信作

希望小売価格　720mℓ 1365円　1.8ℓ 2310円

度数………25%
原料………二条大麦
麹菌………麦麹（黒）
蒸留方式…減圧

黒麹を使いながらさわやかで飲みやすいのは、減圧蒸留と、5年間以上の熟成と独自ブレンドの賜物。ロックやお湯割りはもちろん、ソーダやコーク割りなどちょっと変わった飲み方もいける。

ライト	シンプル □□■□□□□□□□ 複雑		
ストレート○	ロック◎	水割り○	お湯割り◎

蔵元は、創業以来１２０余年にわたる長い歴史の中で、芋、米、そば、人参《にんじん》などの多彩な焼酎を造り続けてきた。その伝統蔵の看板として人気を集めるのが、麦の代表作「つくし白ラベル」。熟成とブレンドの高度な技術が、独特なしっかりした味と、やわらかな口当たりを生み出している。

当醸造所のおもなラインナップ

つくし黒《くろ》ラベル

720mℓ 1365円　1.8ℓ 2310円/25%/大麦/麦麹（黒）/常圧

当蔵の看板銘柄の一つ。白ラベルと同じ原料で、5年熟成原酒をブレンドしているが、蒸留方法の違いで、こちらはずっしりとコクのある味わいに仕上がっている。

リッチ	シンプル □□□□□■□□□□ 複雑		
ストレート○	ロック◎	水割り○	お湯割り○

釈云麦《じゃくうんばく》

720mℓ 1365円　1.8ℓ 2604円/25%/大麦/麦麹（黒）/常圧

黒麹・常圧蒸留・無濾過という、クセの強い製法が、複雑な旨味を醸し出す。その力強さは芋焼酎にも匹敵する。どんな飲み方でも合うが、ストレートで味わえば最高のインパクトがある。

リッチ	シンプル □□□□□□■□□□ 複雑		
ストレート◎	ロック◎	水割り○	お湯割り◎

(株)紅乙女酒造
☎0943-72-3939
福岡県久留米市田主丸町田主丸732
元禄12年(1699)創業

時の超越《ときのちょうえつ》

福岡県 麦

オーク樽で長期貯蔵した芳醇な香りと優雅な味わい

希望小売価格 720㎖ 1575円

度数………25%
原料………麦
麹菌………米麹(白)
蒸留方式…減圧

国内産の原料を100%使用。フランス・アリエ地方産の新樽に約5年間長期貯蔵・熟成した逸品。優雅な風味が魅力で、水割りもいいが、まずはロックで味わいたい。

キャラクター	シンプル □□□□□■□□□□ 複雑		
ストレート○	ロック◎	水割り◎	お湯割り△

胡麻《ご ま》祥酎《しょうちゅう》「紅乙女《べにおとめ》」(175頁)で知られる蔵元。麦焼酎にも力を入れており、フレンチオーク樽で貯蔵した「時の超越」は、ウィスキー以上の芳醇な香りと評判だ。耳《み》納《のう》連山から湧き出る自然水と良質の麦、米を原料に、自然に囲まれた貯蔵庫で、優雅な風味とまろやかな味を造り上げている。

当醸造所のおもなラインナップ

時《とき》の超越《ちょうえつ》38度《さんじゅうはちど》
720㎖ 3675円/38%/麦/米麹(白)/減圧
約7年間の長期貯蔵・熟成焼酎。25度よりもさらに磨きがかかり、甘い香りと濃厚な口当たりが口中にふくらんでくる。ロックで味わいたい。

キャラクター	シンプル □□□□□□□■□□ 複雑		
ストレート○	ロック◎	水割り◎	お湯割り○

夢《ゆめ》乙女《おとめ》
720㎖ 1011円 1.8ℓ 1792円/25%/麦/米麹(白)/減圧
国内産原料を100%使用。米麹により米の吟醸香が生きてフルーティーな味わい。甘味がありマイルドで飲みやすい。水割り、ロックがお勧めだ。

フレーバー	シンプル □□□□■□□□□□ 複雑		
ストレート○	ロック◎	水割り◎	お湯割り○

壱岐スーパーゴールド22《いきすーぱーごーるどにじゅうに》

麦　長崎県

玄海酒造（株）
☎0920-47-0160
長崎県壱岐市郷ノ浦町志原西触550-1
明治33年（1900）創業

壱岐焼酎の製法を継承しつつ研究・改良を重ねた自信作

希望小売価格　720mℓ 1235円

度数………22%
原料………大麦
麹菌………米麹（白）
蒸留方式…減圧

米麹1/3、大麦2/3で原料を仕込み蒸留して、シェリー酒に使用したホワイトオーク樽で貯蔵・熟成させた一品。艶やかな色と香りが魅力で、女性客の人気が高い。ロックがよく合う。

キャラクター	シンプル □□□□□□□■□□ 複雑		
ストレート○	ロック◎	水割り◎	お湯割り△

創業以来110余年。岳の辻の伏流水と厳選された素材、磨き抜かれた職人の技、貯蔵方法、貯蔵年数などにより「むぎ焼酎壱岐」をはじめ、さまざまな商品を開発。「壱岐スーパーゴールド22」は、オーク樽に貯蔵したもので、味はもとよりスマートな雰囲気も好まれている人気銘柄だ。

当醸造所のおもなラインナップ

松永安《まつながやす》左《ざ》エ《え》門翁《もんおう》

720mℓ 5250円/43%/大麦/米麹(白)/減圧

壱岐出身で電力の鬼と呼ばれた、財界の大立者の名を冠した限定品。オーク樽で3年間、貯蔵・熟成させたもので、まろやかな味わいは絶品。ストレート、ロックがいい。

キャラクター	シンプル □□□□□□□■□□ 複雑		
ストレート◎	ロック◎	水割り○	お湯割り○

壱岐《いき》ロイヤル

720mℓ 2750円/40%/大麦/米麹(白)/常圧

常圧蒸留の一品。原酒の香味の優れた本垂部分を採り、3年間貯蔵・熟成させたもので、古酒の味わいを堪能できる。

キャラクター	シンプル □□□□□□□□■□ 複雑		
ストレート◎	ロック◎	水割り○	お湯割り○

壱岐《いき》オールド

720mℓ 1241円/25%/大麦/米麹(白)/減圧

香り、風味、舌触りが良く、お湯割りで味わうとより香りが映える。

リッチ	シンプル □□□□□■□□□□ 複雑		
ストレート○	ロック○	水割り◎	お湯割り◎

(有)山乃守酒造場
℡0920-47-0301
長崎県壱岐市郷ノ浦町志原西触85
明治32年(1899)創業

山乃守梅《やまのもりうめ》

長崎県　麦

島最古の蔵が貫く「かめ仕込み」 まろやかで、かつ奥深い

希望小売価格　720mℓ 1410円

度数………25%
原料………大麦
麹菌………米麹(白)
蒸留方式…常圧

初代・山内守政の通称「山守」にちなんで命名された、蔵を代表する焼酎。まろやかだが奥深いので、どんな飲み方にも合うが、特に水割り、お湯割りにすると味わいが引き立つ。

リッチ	シンプル □□□□□□■□□□ 複雑		
ストレート○	ロック○	水割り◎	お湯割り◎

岳の辻の山麓にある壱岐《いき》で最も古い蔵元。厳選された大麦と米を原料に、壱岐の地下水と酵母で醸す本格焼酎。伝統的な「かめ仕込み」。一釜ごとに常圧蒸留を行うが、香味の優れたところだけを貯蔵熟成させることで、麦の香りと米麹の天然の甘さが引き出されている。

当醸造所のおもなラインナップ

山乃守《やまのもり》かめ仕込《じこ》み

720mℓ 1575円/27%/大麦/米麹(白)/常圧
「山乃守」のメイン銘柄の一つ。27%とわずかに度数が高いことで、香り高さがさらに際立つ。

リッチ	シンプル □□□□□□■□□□ 複雑		
ストレート○	ロック○	水割り◎	お湯割り◎

守政《もりまさ》

720mℓ 3950円/41%/大麦/米麹(白)/常圧
創業者の名をとった「かめ仕込み」の古酒。原酒に近いのでコクがあり、ストレートかロックで味わいたい。

リッチ	シンプル □□□□□□□■□□ 複雑		
ストレート◎	ロック◎	水割り○	お湯割り△

島《しま》しずく

500mℓ 1750円/26%/大麦/米麹(白)/常圧
タンク貯蔵3年を経ることで、麦焼酎の旨味が凝縮された一品。

リッチ	シンプル □□□□□□□■□□ 複雑		
ストレート○	ロック○	水割り◎	お湯割り◎

壹岐の華《いきのはな》

壹岐の華

麦　長崎県

(株)壹岐の華
℡0920-45-0041
長崎県壱岐市芦辺町諸吉二亦触1664-1
明治33年(1900)創業

創業以来こだわり続ける常圧蒸留が育む深い旨味

希望小売価格　1.8ℓ 1861円(九州〜東北価格)

度数………25%
原料………大麦
麹菌………米麹(白)
蒸留方式…常圧

長年こだわり続けた常圧蒸留と熟成により、米麹の甘味と大麦の香りが残る本格麦焼酎。深い香りと味わいを堪能するならロックがいいが、お湯割りもお勧め。

リッチ	シンプル □□□□□■□□□□ 複雑		
ストレート○	ロック◎	水割り○	お湯割り◎

北九州・小倉から壱岐に移り住んだ初代長田嘉助が、島に伝わる麦焼酎造りを始めた。それから100年余り、大麦の香ばしさと米麹の風味を生かした壱岐焼酎を極めるべく、原料の旨味を引き出す常圧蒸留にこだわり続けている。「芳醇薫麗」を追求した結実が社名でもある「壹岐の華」だ。

当醸造所のおもなラインナップ

壹岐《いき》の華《はな》昭《しょう》和《わ》仕込《しこみ》

720mℓ 1180円　1.8ℓ 1961円(九州〜東北価格)/25%/大麦/米麹(白)/常圧

壱岐産「たばる麦」を復活させ、昔造りを再現。豊かな麦香と濃厚な風味を楽しめる。

リッチ	シンプル □□□□□■□□□□ 複雑		
ストレート○	ロック○	水割り○	お湯割り◎

華《はな》秘《ひ》伝《でん》黄金《おうごん》

720mℓ 1640円(九州〜東北価格)/28%/大麦/米麹(白)/常圧

ホワイトオークの新樽で長期完全熟成した黄金色の一品。深いコクとまろやかな口当たりで、食後酒にもいい。

キャラクター	シンプル □□□□□■□□□□ 複雑		
ストレート○	ロック◎	水割り○	お湯割り△

初代《しょだい》嘉助《かすけ》レギュラー

1.8ℓ 2260円(九州〜東北価格)/25%/大麦/米麹(白)/常圧

創業百周年記念商品で、初代の名を冠した集大成。低濃度長期貯蔵により、米麹の甘味と大麦のさわやかな香りが楽しめる。

リッチ	シンプル □□□□□■□□□□ 複雑		
ストレート○	ロック○	水割り○	お湯割り◎

壱岐っ娘Deluxe《いきっこでらっくす》

壱岐焼酎協業組合
☎0920-45-2111
長崎県壱岐市芦辺町湯岳本村触520
昭和59年（1984）創業

長崎県　麦

自然水と自家製酵母を使用 気高き香りと深い味わい

希望小売価格　720㎖ 1176円（税別）

度数………25%
原料………大麦
麹菌………米麹（白）
蒸留方式…減圧蒸留

代表銘柄「壱岐っ娘」を、タンクで貯蔵した後、シェリー酒樽で熟成。3年以上かけることで芳醇な香り、コクが生まれた。

キャラクター	シンプル □□□□□□■□□□ 複雑		
ストレート○	ロック◎	水割り◎	お湯割り△

当醸造所のおもなラインナップ

壱《い》岐《き》っ娘《こ》

720㎖ 976円　1.8ℓ 1750円（税別）/25%/大麦/米麹（白）/減圧

壱岐で初めての減圧蒸留焼酎として話題となった当蔵の代表銘柄。雑味の少ない旨味を持ち、まろやかですっきりと飲みやすい。

リッチ	シンプル □□□■□□□□□□ 複雑		
ストレート○	ロック◎	水割り○	お湯割り○

壱《い》岐《き》っ娘《こ》粋《すい》

720㎖ 980円（税別）/25%/大麦/米麹（白）/減圧、常圧

減圧蒸留焼酎と常圧蒸留焼酎をブレンド。米麹の旨味と麦の風味とコクが調和し、口当たりもまろやか。

リッチ	シンプル □□□□■□□□□□ 複雑		
ストレート○	ロック○	水割り○	お湯割り○

大祖《たいそ》

720㎖ 1094円（税別）/25%/大麦/米麹（白）/常圧

昔ながらの伝統技法にこだわり、常圧蒸留し麦の香りとコクを強調した仕上がりで、“元祖麦焼酎”と呼べる製品。

リッチ	シンプル □□□□□■□□□□ 複雑		
ストレート○	ロック○	水割り○	お湯割り◎

１００年以上の歴史を持つ６つの蔵が合併し昭和59年創立。地下１３０ｍからの自然水と自家培養した自家製酵母で醸す焼酎は、大麦と米麹の旨味がほどよく調和。壱岐初の減圧蒸留を実現し、気高い香りとマイルドで深い味わいを引き出した「壱岐っ娘」をはじめ、評判の焼酎が次々生まれる。

杜氏寿福絹子《とうじじゅふくきぬこ》

(資)寿福酒造場
℡0966-22-4005
熊本県人吉市田町28-2
明治23年(1890)創業

麦　熊本県

造り手の名を冠した温もり伝わる繊細な麦焼酎

希望小売価格　720㎖ 1312円　1.8ℓ 2310円

度数………25%
原料………大麦
麹菌………麦麹(白)
蒸留方式…常圧

常圧蒸留にこだわる蔵ならではのしっかりした風味は、麦の軽いイメージを覆すほど。飲み口はやわらかで、オンザロックがお勧めだが、お湯割りで飲んでも、麦の持つ香ばしさが少しもぶれない。口中に香りがふくらんでいく感覚も楽しめる。

リッチ	シンプル □□□□□■□□□□ 複雑		
ストレート○	ロック◎	水割り○	お湯割り◎

米の球磨《くま》焼酎のふるさとにあって、珍しい麦焼酎。蔵の代表者にして女性杜氏の寿福絹子氏があえて麦に挑み、自身の名を冠したのが「杜氏寿福絹子」。熊本県産新麦と麦麹を使った麦100%。すべての工程を手作業で行い、貯蔵に2年と1ヵ月をかけて、繊細で深い味を生み出している。

当醸造所のおもなラインナップ

寿福屋作衛門《じゅふくやさくえもん》

720㎖　7500円(税別)/39%/麦/麦麹(白)/常圧

1985年ものの古酒。原酒をじっくり寝かせ実に四半世紀ぶりに、満を持して登場した。"大古酒"とも呼ばれまさに焼酎ファン垂涎の的。やわらかな口当たり、香ばしく甘く、ふくよかでと、麦の魅力を昇華させた逸品だ。冷やしてストレートで飲むか、せめてロックで、いずれもじっくりと味わいたい。

キャラクター	シンプル □□□□□□□□□■ 複雑		
ストレート◎	ロック◎	水割り△	お湯割り△

いいちこ

いいちこ

大分県　麦

焼酎ファンを飛躍的に増やした麦焼酎のベストセラー

希望小売価格　900㎖ 951円　1.8ℓ 1792円

度数………25%
原料………大麦
麹菌………大麦麹（白）
蒸留方式…常圧・減圧ブレンド

「いいちこ」とは大分地方の方言で「いいですよ」の意味。ロック、水割り、お湯割り、カクテルなど好みの飲み方で楽しめる。

ライト	シンプル ■□□□□□□□□□ 複雑		
ストレート○	ロック◎	水割り◎	お湯割り○

清酒の蔵元3社が集い創業。翌年もう1社が資本参加し、清酒、焼酎、ワイン、リキュールなど次々に製造品目を増やしてきた、「品質第一」を基本理念に掲げる全国屈指の総合醸造メーカーである。特に本格焼酎では、売上高全国第一位の座を長く保つ。その源になるのが「下町のナポレオン」の愛称で親しまれる「いいちこ」だ。

かつて麦焼酎は米麹を用いることが多かった。それを大麦麹に変え、研究の末に、軽やかな味わいを生み出すことに成功したのがこの銘柄だ。発売開始は昭和54年。以来、まろやかで飲み飽きしない味わいが愛され、自他ともに認めるベストセラーを継続中である。

三和酒類（株）
☎0978-32-1431
大分県宇佐市山本2231-1
昭和33年（1958）創業

当醸造所のおもなラインナップ

いいちこ日《ひ》田《た》全麹《ぜんこうじ》

希望小売価格　900mℓ 963円　1.8ℓ 1810円

度数…25%
原料…大麦
麹菌…大麦麹（白）
蒸留方式…常圧・減圧ブレンド

リッチ	シンプル □□□□□■□□□□ 複雑		
ストレート○	ロック◎	水割り◎	お湯割り◎

当蔵元の日田蒸留所で醸される。まず大麦麹だけで仕込み、さらに大麦麹を加えて仕込むという全量麦麹仕込みを行うことで、豊かな香りと優しい飲み口を実現した。深い旨味の余韻も楽しめる。ロック、水割り、お湯割りと、どんな飲み方でもOK。

いいちこスペシャル

希望小売価格　720mℓ 2400円

度数…30%
原料…大麦
麹菌…大麦麹（白）
蒸留方式…常圧・減圧ブレンド

キャラクター	シンプル □□□□□□■□□□ 複雑		
ストレート◎	ロック◎	水割り○	お湯割り△

新しい酵母と樽熟成原酒から造られた長期貯蔵酒。淡い琥珀色が印象的な一品で、ふくらみのある香りと深い味わいがある。個性を堪能するならストレート、香りを楽しむならロックがお勧め。

いいちこフラスコボトル

希望小売価格　720mℓ 2700円

度数…30%　原料…大麦　麹菌…大麦麹（白）
蒸留方式…常圧・減圧ブレンド

リッチ	シンプル □□□□■□□□□□ 複雑		
ストレート◎	ロック◎	水割り○	お湯割り○

原料の麦を高精白し、低温発酵。そして大麦麹のみを使った全麹造り。澄んだ香りと豊かなコクと深み。これまで培った技術の粋を集めて醸された「いいちこの頂点」に立つ逸品だ。蔵元では「寒い日はお湯割りも」というが、冷たく冷やしてストレートかロックで味わいたい。

彐焼酎屋兼八《かねさんしょうちゅうやかねはち》

大分県　麦

四ッ谷酒造（有）
℡0978-38-0148
大分県宇佐市大字長洲4130
大正8年（1919）創業

代々受け継がれた伝統の技と志で懐かしさを感じさせる味を生む

希望小売価格　720mℓ 1365円　1.8ℓ 2625円

度数………25%
原料………はだか麦
麹菌………はだか麦麹（白）
蒸留方式…常圧

焼酎原料としては扱いが難しいはだか麦を100%使用し、独自の技術で特徴的な香ばしさ、複雑で深みのある味わいに仕上がっている。創業者の名を冠した自信作だ。ロック、お湯割りがお勧め。

キャラクター	シンプル □□□□□■□□□□ 複雑		
ストレート○	ロック◎	水割り○	お湯割り◎

周防灘《すおうなだ》に望む地に四ッ谷兼八が創業。現在は四代目と五代目が、伝統の技と志で焼酎造りを続けている。こだわりは「麦一粒一粒を大事にし、自家製常圧蒸留機を用い、過度な精製は行わない」こと。特に「彐焼酎屋兼八」は、麦の魅力を存分に引き出した懐かしさを感じさせる味わいが人気。

当醸造所のおもなラインナップ

宇《う》佐《さ》むぎ

720mℓ 1155円　1.8ℓ 2205円/25%/二条大麦/大麦麹（白）/常圧

「彐 焼酎屋　兼八」とともに当蔵の代表銘柄。麦本来の香りが生かされ、軽やかな中にも奥ゆかしい味わいがある。飲み口はきれいで、ロックで味わうのがいい。

リッチ	シンプル □□□■□□□□□□ 複雑		
ストレート○	ロック◎	水割り○	お湯割り○

彐《かねさん》焼酎《しょうちゅう》屋《や》兼八原酒《かねはちげんしゅ》

720mℓ 3150円/42%/はだか麦/はだか麦麹（白）/常圧

「彐 焼酎屋　兼八」の原酒。麦の香ばしさが凝縮された強い香りとトロリとした口当たりは、まさに逸品。冷凍庫で保管しストレート、ロックで味わうのがお勧めだ。

キャラクター	シンプル □□□□□□□■□□ 複雑		
ストレート◎	ロック◎	水割り○	お湯割り○

大分むぎ焼酎二階堂《おおいたむぎしょうちゅうにかいどう》

麦　大分県

二階堂酒造（有）
☎0977-72-2324
大分県速見郡日出町2849
慶応2年（1866）創業

門外不出の製法から生まれた麦焼酎ブームの火付け役

希望小売価格 900㎖ 917円　1.8ℓ 1727円（近畿・関東価格）

度数………25%
原料………麦
麹菌………麦麹（白）
蒸留方式…減圧

テレビ CM でもお馴染みのロングセラー。芳醇な香りがあり、舌触りがまろやかで、幅広い人気を獲得している。どんな飲み方でも OK の万能型だ。

ライト	シンプル □■□□□□□□□□ 複雑		
ストレート○	ロック○	水割り◎	お湯割り○

蔵元は江戸時代の創業。当時の日出《ひじ》藩主に愛され名酒と呼ばれた、独特のにごり酒「麻地酒《あさじざけ》」の製法を受け継いできた老舗だ。昭和26年に六代目社長が杜氏となって麦焼酎を手がけるようになり、さらに昭和48年に麦100%焼酎の「大分むぎ焼酎二階堂」を開発したことで、一躍名を高める。麦焼酎ブームの火付け役となったことは、よく知られるところだ。

その功績により農林水産省より「第一回食品産業優良企業賞」を受賞。またこの間「熊本国税局酒類鑑評会」において、毎年優等賞を受賞するなど、味の評価ももちろん高い。なお、製法は門外不出とされ、代々後継者のみに伝承されている。

老松酒造（株）
☎0973-28-2116
大分県日田市大鶴町2912
寛政元年（1789）創業（法人設立昭和27年）

閻魔(樽)赤ラベル《えんま（たる）あからべる》

大分県　麦

日田の清水と地の恵みから生まれ 古い酒蔵の奥で眠る熟成焼酎

希望小売価格　720mℓ 1250円　1.8ℓ 2394円

度数………25%
原料………大麦
麹菌………麦麹（白）
蒸留方式…常圧、減圧

通称「赤閻魔」。5種ある閻魔シリーズのメイン。原酒をオーク樽で熟成させた琥珀色の焼酎で、香り、飲み口のバランスがよい。

キャラクター	シンプル □□□□□■□□□□ 複雑		
ストレート○	ロック◎	水割り○	お湯割り△

かつての天領であり、歴史と文化の香り高い日田《ひた》は、江戸時代から酒造りも盛ん。どの蔵元も清酒と焼酎ともに力を入れているが、近年特に評判なのが、麦焼酎「閻魔」。あえて冥界の王の名を付けて、老舗蔵の老松酒造が自信を持って世に送り出すこの焼酎は、海外でも高評価を得ている。

当醸造所のおもなラインナップ

黒《くろ》閻《えん》魔《ま》

720m 1160円　1.8ℓ 2237円/25%/麦/麦麹（黒）/減圧

麦焼酎には珍しく、一次・二次とも黒麹を使った全量麦麹仕込み。味が深く、同時にキレもよく、上品さも感じさせる。

リッチ	シンプル □□□□■□□□□□ 複雑		
ストレート○	ロック◎	水割り○	お湯割り◎

常《じょう》圧《あつ》閻《えん》魔《ま》

720mℓ 1208円　1.8ℓ 2258円/25%/麦/麦麹（黒）/常圧

「青閻魔」または「緑閻魔」の名で知られる。麦の香ばしい香りと、しっかりしたボディを持ち、個性豊か。

キャラクター	シンプル □□□□□■□□□□ 複雑		
ストレート○	ロック◎	水割り○	お湯割り◎

麹《こうじ》屋《や》伝《でん》兵《べ》衛《え》

720mℓ 2730円/41%/大麦/麦麹（白）/常圧、減圧

減圧と常圧蒸留のブレンドを貯蔵熟成。味や香り、まろやかさは麦焼酎の概念を破ったともいわれる。当蔵の象徴的な商品。

キャラクター	シンプル □□□□□□□□■□ 複雑		
ストレート◎	ロック◎	水割り○	お湯割り△

銀座のすずめ琥珀《ぎんざのすずめこはく》

八鹿酒造（株）
℡0973-76-2888
大分県玖珠郡九重町大字右田3364
元治元年（1864）創業

麦　大分県

清酒蔵元の老舗が造った小粋でお洒落な洋風焼酎

希望小売価格　720mℓ 1470円

度数………25%
原料………大麦
麹菌………麦麹（白）
蒸留方式…減圧

「銀座のすずめ」を、米国ケンタッキー州から取り寄せた、バーボンウィスキーの樫樽で約3年間じっくりと熟成貯蔵。まろやかでとろみのある舌触り、ほのかな甘さ、スモーキーな香りが見事に調和した一品。ロック、水割りがベストだ。モンドセレクション最高金賞を連続受賞。

キャラクター	シンプル □□□□□□■□□□ 複雑		
ストレート○	ロック◎	水割り◎	お湯割り△

清酒「八鹿《やつしか》」の蔵元が造る本格焼酎で、九重連山《くじゅうれんざん》の伏流水を使って醸す。「銀座のすずめ」とは、かつて銀座の街を時を忘れ友人らと粋に酔い、かつ語らい夜を明かした粋人を〝すずめ〟になぞらえて命名。なかでも樫樽熟成の「琥珀」は、バーカウンターに似合う雰囲気で評判。

当醸造所のおもなラインナップ

銀座《ぎんざ》のすずめ白麹《しろこうじ》

720mℓ 1115円　1.8ℓ 2118円/25%/麦/麦麹（白）/減圧

麦のすっきりした風味を最大限に引き出しており、舌触りが上品で味わいまろやか。どんな料理にも合うので晩酌にお勧め。水割りが特にいい。

ライト	シンプル ■□□□□□□□□□ 複雑		
ストレート○	ロック◎	水割り◎	お湯割り○

銀座《ぎんざ》のすずめ黒麹《くろこうじ》

720mℓ 1059円　1.8ℓ 1984円/25%/麦/麦麹（黒・白）/常圧・減圧

全黒麹仕込みの麦焼酎をメインに、計4種類の原酒をブレンド。麦の香りとコク、キレのある旨味が持ち味。

ライト	シンプル □■□□□□□□□□ 複雑		
ストレート○	ロック◎	水割り◎	お湯割り○

いいとも黒麹《いいともくろこうじ》

雲海酒造（株）
℡0985-23-7896
宮崎県宮崎市栄町45-1
昭和42年（1967）創業

宮崎県　麦

名水の里の自然蔵で育まれる
気さくながら深い、黒麹の麦

希望小売価格 900㎖ 951円 1.8ℓ（瓶）1792円 1.8ℓ（パック）1781円

度数………25%
原料………麦
麹菌………米麹（黒）
蒸留方式…減圧

長く白麹仕込みの「いいとも」が親しまれてきたが、黒麹仕込みも今や人気銘柄。綾町の照葉樹林が生み出す名水仕込みで、黒麹ならではの豊かな風味も引き立つ。

ライト	シンプル □□■□□□□□□□ 複雑		
ストレート○	ロック◎	水割り◎	お湯割り○

宮崎県を代表する酒造会社で、焼酎をはじめ、清酒、ワイン、地ビールなどを幅広く製造する雲海酒造。なかでも原点となった焼酎は多種多彩で、県内外に7つある蔵で、そばや芋、米などを造る。その一つ綾蔵で醸すのが麦焼酎「いいとも」。白麹仕込みの軽やかさで高い人気を誇るが、平成16年に登場した芳醇な味わいの「いいとも黒麹」も肩を並べる。

蔵のある県内綾町《あやちょう》は、総面積の8割が豊かな照葉樹林。木々が育む伏流水が至るところに湧き出す清流の里だが、この名水を使い伝統の黒麹で仕込まれた焼酎は、しっかりした風味を持ちながら清々しい。ロック、水割りで味わえば森林の香りが……。

天の刻印《てんのこくいん》

麦　宮崎県

佐藤焼酎製造場（株）
☎0982-33-2811
宮崎県延岡市祝子町2388-1
明治38年（1905）創業

素材が生きる本物を求め誕生した洗練された味わいの食中酒

希望小売価格　720㎖ 1050円　1.8ℓ 2100円

度数………25%
原料………二条小麦（ニシノホシ）
麹菌………麦麹（白）
蒸留方式…減圧

麦の風味を生かした丹念な造り。減圧蒸留らしくキレが良く香味もきれいで、かつしっかりとコシもある。上品で飲み飽きない。ロック、お湯割りがお勧めで、どんな料理にも合う。

ライト	シンプル □□■□□□□□□□ 複雑		
ストレート○	ロック◎	水割り○	お湯割り◎

宮崎県北部、自然豊かな地に建つ焼酎蔵。水は祝子川《ほうりがわ》水系の天然深層水、原材料は地元農家と連携した「自創自園」の考え方で、質と安全、本物の価値を追求。洗練された味わいに定評がある。また「食中酒を造る」のも基本理念の一つ。その結実が「天の刻印」である。

当醸造所のおもなラインナップ

麦《むぎ》ピカ白麹《しろこうじ》

900㎖ 950円（九州内価格）/22%/麦/麦麹（白）/減圧

地元延岡産のニシノホシを使い、白麹で仕込んだ。ほんのりとした麦の香りがする、やわらかい口当たりが特徴で、女性に好まれる仕上がり。黄金色に輝く麦をイメージしたネーミングもいい。

ライト	シンプル □□■□□□□□□□ 複雑		
ストレート○	ロック◎	水割り◎	お湯割り○

麦《むぎ》ピカ黒麹《くろこうじ》

900㎖ 950円（九州内価格）/22%/麦/麦麹（黒）/減圧

白麹仕込みと同時に平成22年4月に新発売されたもの。香りが立つが、同じくやわらかな味の余韻が楽しめる。ストレート、ロックがお勧めだ。

ライト	シンプル □□■□□□□□□□ 複雑		
ストレート◎	ロック◎	水割り○	お湯割り○

おびのくらから

おびの蔵から

小玉醸造（合同）
☎0987-25-9229
宮崎県日南市飫肥8-1-8
文政元年（1818）創業

宮崎県　麦

伝統蔵から誕生した若い蔵人の力が結集された味

希望小売価格　720mℓ 893円　1.8ℓ 1680円

度数……… 25%
原料……… 大麦
麹菌……… 麦麹（白）
蒸留方式… 減圧と常圧のブレンド

すっきりとした減圧蒸留タイプ1年ものと、まろやかな甕貯蔵の常圧蒸留タイプ2年ものをブレンド。素朴な中に、麦の香味がふんわりと鼻をくすぐる。ロックか水割りにすると、より味が映える。その飲みやすさから、和洋中華を問わず料理との相性がいい。

ライト	シンプル □□■□□□□□□□ 複雑		
ストレート○	ロック◎	水割り◎	お湯割り△

宮崎の小京都と呼ばれる日南《にちなん》市飫肥《おび》に佇む蔵元。かつては飫肥藩御用達の老舗蔵元だったが、金丸一夫氏が受け継ぎ、長男で杜氏の潤平氏とともに新たな焼酎造りをスタートさせた。若い蔵人が次々加わり、評判の焼酎を生み出している。麦ではこの「おびの蔵から」が代表銘柄だ。

当醸造所のおもなラインナップ

潤《じゅん》の醇《じゅん》
720mℓ 1365円　1.8ℓ 2310円/25%/はだか麦（イチバンボシ）/米麹（白）/常圧
手造り米麹を使用することで、はだか麦の醸す香ばしさが際立つ。さらに2～3年貯蔵し、まろやかで後味のいい焼酎に仕上がっている。ロック、水割り、お湯割りがお勧めだ。

リッチ	シンプル □□□□■□□□□□ 複雑		
ストレート○	ロック◎	水割り◎	お湯割り◎

百年の孤独《ひゃくねんのこどく》

麦　宮崎県

(株)黒木本店
℡0983-23-0104
宮崎県児湯郡高鍋町大字北高鍋776
明治18年(1885)創業

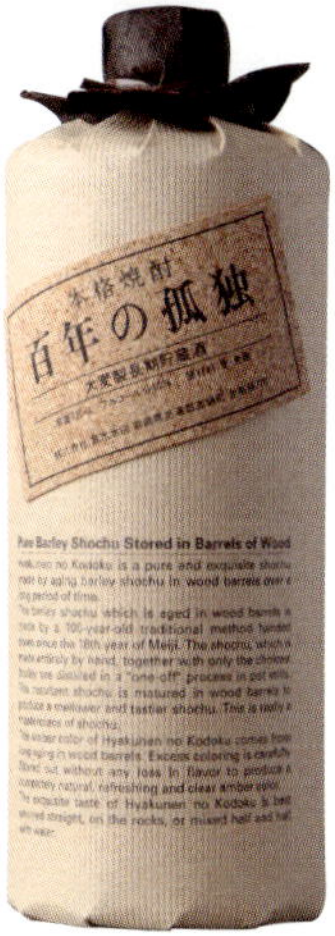

麦焼酎のイメージを一新した洋酒感覚で飲める絶品焼酎

希望小売価格　720mℓ 2950円

度数………40%
原料………二条大麦
麹菌………麦麹(白)
蒸留方式…常圧・減圧

「世界の蒸留酒と同じように飲んでもらえる焼酎」がコンセプト。洋酒感覚でお洒落に楽しめる。まずはストレートかロックで飲みたいが、水割りやお湯割りでも豊かな風味を堪能できる。

キャラクター	シンプル □□□□□□□□□■ 複雑		
ストレート◎	ロック◎	水割り○	お湯割り○

蔵元の代表銘柄「百年の孤独」は、九州産大麦を原料にした原酒をオーク樽に貯蔵して熟成させたもの。淡い琥珀色で、香りも洋酒に近い。ガルシア・マルケスの著作「百年の孤独」に由来したネーミングも評判を呼び、全国的知名度を獲得。発売以来25年を経ても人気は衰えることを知らない。

当醸造所のおもなラインナップ

中々《なかなか》

720mℓ 1020円　1.8ℓ 1980円/25%/二条大麦/麦麹(白)/減圧

ライトタイプで飲みやすいが、「百年の孤独」の原酒になるため、長期貯蔵に耐えられるようしっかりとコクを残している。ロックかお湯割りが最適。

ライト	シンプル □□□■□□□□□□ 複雑		
ストレート○	ロック◎	水割り○	お湯割り◎

陶眠中々《とうみんなかなか》

720mℓ 2100円/28%/二条大麦/麦麹(白)/常圧、減圧

原酒をアルコール度数28%に割り水したもので、約1年半熟成することで麦の甘い香りが快い一品に仕上がっている。

リッチ	シンプル □□□■□□□□□□ 複雑		
ストレート○	ロック◎	水割り○	お湯割り○

尾鈴山山猿《おすずやまやまざる》

（株）尾鈴山蒸留所
☎0983-39-1177
宮崎県児湯郡木城町大字石河内字倉谷656-17
平成10年（1998）創業

宮崎県　麦

徹底した手造り仕込みと
自家農園の麦の豊かな風味が結実

希望小売価格　720mℓ 1200円　1.8ℓ 2400円

度数………25%
原料………二条大麦
麹菌………麦麹（白）
蒸留方式…常圧

まず、香ばしい麦の香りが鼻をくすぐり、含めば豊かな風味が口中に広がる。ロック、水割り、お湯割りと、いずれでも楽しめる。

リッチ	シンプル □□□□■□□□□□ 複雑		
ストレート○	ロック◎	水割り◎	お湯割り◎

明治18年創業という、宮崎県屈指の老舗蔵元として知られる黒木本店が、理想の焼酎造りの拠点として、緑豊かな森の中に設立したのが尾鈴山蒸留所。伝統的な原料の芋、米、麦を仕込むが、麦焼酎として発売されたのがこの「尾鈴山山猿」。地元にある自家農園「甦る大地の会」で栽培された大麦と、九州産の大麦を使い、自家培養による酵母を用いるなど、こだわりの製法で完成した一品だ。

2年間の熟成を経て世に出るが、芳醇でまろやかな麦の香りが立ち、旨味、コクともに奥深さを感じさせる。ちなみに当蔵製品のラベル文字はいずれも個性的だが、これは版画家・黒木郁朝氏の手になるもの。

黒むぎ《くろむぎ》

麦　鹿児島県

さつま無双（株）
☎099-261-8555
鹿児島県七ツ島1-1-17
昭和41年（1966）創業

芋焼酎ファンにも好まれる黒麹・常圧蒸留の本格派

希望小売価格　720mℓ 1260円　1.8ℓ 2000円（税別）

度数………25%
原料………麦
麹菌………麦麹（黒）
蒸留方式…常圧

黒麹らしい香ばしい香りと豊かなコク、甘味もある。喉越しもよく飲みやすい。芋焼酎が好きな人にもお勧めだ。

リッチ	シンプル □□□□■□□□□□ 複雑		
ストレート○	ロック◎	水割り◎	お湯割り◎

「鹿児島の焼酎を世界に広めよう」とのスローガンを掲げ、鹿児島県酒造協同組合の加盟業者が事業を設立。「薩摩に双つと無い焼酎を」の意味から命名された社名を冠した芋焼酎「さつま無双」で有名な蔵元だが、麦焼酎にも名品がある。それが、芋焼酎造りの技術を活かし、黒麹仕込みと常圧蒸留という伝統的技法を用いて造られた「黒むぎ」だ。

6ヶ月の貯蔵を経て出荷されるが、白麹・減圧蒸留の麦焼酎が主流となっている現在、古式造りに徹した焼酎は多くなく、本格派ファンからの評価が高い。水割り、お湯割りがお勧めだが、ロックで味わっても楽しめる。

本坊酒造（株）
℡099-210-1210
鹿児島県鹿児島市南栄3-27
明治5年（1872）創業

一尋《ひとひろ》

鹿児島県　麦

伝統の匠の技で黒麹仕込み
身の丈の甕壺で醸す

希望小売価格　720㎖ 1070円　1.8ℓ 2100円

度数………25%
原料………大麦
麹菌………麦麹（黒）
蒸留方式…常圧

名称は、甕壺の大きさが両手を広げたほどの長さ、すなわち一尋くらいであることに由来。半分地中に埋められた甕壺での製造で、まろやかかさと深みある味わいを醸し出す。

リッチ	シンプル □□□□■□□□□□ 複雑		
ストレート○	ロック◎	水割り◎	お湯割り○

鹿児島でも有数の大手酒造メーカー。鹿児島市を拠点に、焼酎はもちろん山梨や長野でワインやウイスキーの醸造蒸留も行っているが、原点ともいうべき蔵は南さつま市にある。それが創業の地にある津貫貴匠蔵。石蔵が立ち並ぶ歴史を感じさせる佇まいで、昔ながらの甕壺《かめつぼ》仕込みの焼酎がここで貯蔵され、熟成の時を待つ。「一尋」もこの蔵が生み出す麦の代表的銘柄である。

　あえて飲みやすさを求めるのでなく、原点に立ち戻って、麦の芳香やとろりとした深みを追求したのがこの焼酎。黒麹を用いることで、個性豊かな男性的な味わいに仕上がっている。冷たく冷やし、ロックか水割りで飲めば魅力が伝わる。

田苑金ラベル《でんえんきんらべる》

麦　鹿児島県

田苑酒造（株）
℡0996-38-0345
鹿児島県薩摩川内市樋脇町塔之原11356-1
明治23年（1890）創業

豊かなコクと旨味のある琥珀色に輝く樽貯蔵酒

希望小売価格　900mℓ 1180円　1.8ℓ 2198円

度数………25%
原料………大麦
麹菌………大麦麹・米麹（白）
蒸留方式…常圧

原酒を100%ホワイトオーク樽の中で貯蔵熟成し、米麹で造った麦焼酎をブレンドしたのが旨さの秘訣だ。モンドセレクション最高金賞を連続受賞中。

キャラクター	シンプル □□□□□□□■□□ 複雑		
ストレート○	ロック◎	水割り○	お湯割り△

創業時は玄米焼酎を手がけ、昭和54年から「田苑」のブランド名で麦焼酎を始めた。さらに進化させ、業界に先駆けて麦の樽貯蔵酒として発売したのが「田苑金ラベル」。今や押しも押されもせぬ看板商品で、琥珀色がなんとも美しく、まろやかな口当たりが楽しめる。

当醸造所のおもなラインナップ

田苑《でんえん》ゴールド

720mℓ 1260円/25%/大麦/大麦麹・米麹（白）/常圧

芳醇な香りと琥珀色の輝きが贅沢な、全量3年貯蔵にこだわった100%樽貯蔵酒。ぜひともロックで味わいたい。

キャラクター	シンプル □□□□□□□■□□ 複雑		
ストレート○	ロック◎	水割り○	お湯割り△

田苑麦黒麹《でんえんむぎくろこうじ》（甕壺貯蔵《かめつぼちょぞう》）

900mℓ 1090円　1.8ℓ 2058円/25%/大麦/米麹（黒）/常圧

1年間の甕壺貯蔵を経て発売。麦の持つ香ばしさや風味に加え、黒麹ならではのコクと旨味がある。麦焼酎のイメージを一新したとの評もある。

リッチ	シンプル □□□□■□□□□□ 複雑		
ストレート○	ロック○	水割り◎	お湯割り◎

隠し蔵《かくしぐら》

鹿児島県　麦

濱田酒造（株）
☎0996-21-5260（お客様相談室）
鹿児島県いちき串木野市湊町4-1
明治元年（1868）創業

樫樽貯蔵熟成で芳醇な香り
最もよく知られた薩摩の麦の一つ

希望小売価格　720㎖ 1157円　1.8ℓ 2051円

度数………25%
原料………麦
麹菌………麦麹（白）
蒸留方式…常圧

樽熟成による淡い琥珀色が贅沢感を醸し出す。香り豊かながら、クセがなく飲みやすい。ストレート、ロック、水割りで味わうのがお勧めだ。

キャラクター	シンプル □□□□□□□■□□ 複雑		
ストレート◎	ロック◎	水割り◎	お湯割り△

創業の地に点在する濱田酒造の3つの蔵のうち、主要工場となっているのが、傳藏院蔵。コンセプトに「高品質の焼酎を一人でも多くの人に」とあるように、最新鋭のシステムを備え、上質の焼酎を量産している。主に芋焼酎や麦焼酎を造るが、麦を代表するのが「隠し蔵」である。原酒を樫樽で貯蔵熟成させることで美しい琥珀色に仕上がり、ワンランク上の香りと味わいを実現している。

2009年のモンドセレクション最高金賞を受賞した実力派で、シンガー・ソングライター故・河島英五が愛飲していたことでも知られ、彼を起用したCMで一躍有名になった。

神の河《かんのこ》

麦　鹿児島県

薩摩酒造（株）
℡0993-72-1231
鹿児島県枕崎市立神本町26
昭和11年（1936）創業

上質のウイスキーにも似て 樽熟成が醸す琥珀色と甘い香り

希望小売価格　720ml 1200円　300ml 520円（いずれも税別）

度数………25%
原料………大麦
麹菌………大麦麹（白）
蒸留方式…常圧

まろやかな深みのある味わいながら、あまりクセがなく、飲み心地は実になめらか。コクがあるので、ロックでも水割りでもいける。

キャラクター	シンプル □□□□□□■□□□ 複雑		
ストレート○	ロック◎	水割り◎	お湯割り△

本格焼酎をはじめとし、清涼飲料や芋の発泡酒も手がけ、鹿児島県有数の総合飲料メーカーとして知られる薩摩酒造。豊かな自然に包まれ、清冽な水の湧く南薩摩、枕崎の地にあり、芋のほか麦焼酎も昔から造っていたが、平成元年に発売した「神の河」の存在により、一躍麦焼酎の蔵でも有名になった。

蔵元の郊外には、神が宿る水を意味する〝神の河〟と呼ばれる名水がある。そこから名付けられたのがこの麦焼酎だ。麦100%の原酒をホワイトオーク樽で3年以上をかけて長期熟成。淡い琥珀色と芳醇な香りが特徴で飲みやすく、全国的な人気商品となっている。

西酒造（株）
℡099-296-4627
鹿児島県日置市吹上町与倉4970-17
弘化2年（1845）創業

一粒の麦《ひとつぶのむぎ》

鹿児島県　麦

芋で名高い老舗蔵で生まれた
シャープで香ばしい麦焼酎

希望小売価格　1.8ℓ 2130円

度数………25%
原料………大麦
麹菌………麦麹（白）
蒸留方式…間接常圧

麦の旨味を存分に引き出すべく間接常圧蒸留という独自の蒸留方法を駆使。立ち香はシャープな印象だが、底に麦の香ばしさとしっかりしたボディを感じさせる。

リッチ	シンプル □□□■□□□□□□ 複雑		
ストレート○	ロック◎	水割り◎	お湯割り○

蔵元は、江戸時代から続く老舗。歴史を受け継ぎ発展させ、近年はさまざまな技術革新や、原材料を栽培する農業から始まる焼酎造りにも取り組んでおり、芋焼酎の名品として名高い「富乃宝山」（78頁）を生んだことでも知られる。

その伝統と技術を注ぎ込み、当蔵で唯一の芋以外の焼酎として誕生させたのが、間接常圧蒸留という蒸留法で仕上げた「一粒の麦」。麦の旨味や香りを濃く引き出しながら、口にすると丸みを帯びた味わいが広がるのが特徴だ。名前の由来は「ただ一粒の麦なれど、大地にて芽を吹きたくさんの豊穣をもたらせり」という聖書の言葉から。含蓄に富んだ命名はさすが老舗である。

米

Kome

米焼酎の基礎知識

文字で残る日本最古の記録は米焼酎

焼酎伝来のルートは大別して、インドシナ半島から琉球を経たもの、中国から来たもの、朝鮮半島経由のものの3つの説があるが、インドシナ半島から琉球、そして薩摩（現在の鹿児島県）経由で九州一円に広まったという説が有力で、当初は米をはじめとする穀物を原料にしていたといわれている。

鹿児島県北部に位置する伊佐《いさ》市（現在も著名な蔵元が多い）の郡山八幡《こおりやまはちまん》神社にある、永禄2年（1559）の年号を記した棟札に、〝焼酎〟の二文字が入った大工の落書きが残っている。これが日本における、焼酎の文字が記された最古の記録であり、その焼酎は米だったといわれる。今では芋焼酎で名をなす鹿児島も、かつては米や穀物の焼酎が主流だったのだ。

その後、同じ南九州とはいえ格段に米の収穫がよかった熊本県球磨《くま》地方に米焼酎が根付く。今では「壱岐《いき》焼酎」と同じく、世界貿易機関が保護する産地ブランド「球磨焼酎」として有名だ。熊本県以外でも、米どころでは清酒と並行して米焼酎を醸す蔵元も少なくない。清酒の吟醸香に近いフルーティーな味わいの銘柄もあり、焼酎ファンの裾野を広げる酒ともなっている。

天厨貴人《てんちゅうきじん》

米　広島県

中国醸造（株）
☎0829-32-2111
広島県廿日市市桜尾1-12-1
大正7年（1918）創業

12年間の貯蔵を経て生まれた従来の概念を超えた米焼酎

希望小売価格　720mℓ 2100円

度数………25%
原料………米
麹菌………不使用（酵素で糖化・発酵）
蒸留方式…連続式

樫樽に詰められ、年間を通して14℃、湿度80%のトンネル貯蔵庫で醸されることで、ほのかに金色をした、木の香りが鼻をくすぐる優雅な味わいが生まれた。ロックで味わいたい。

ライト	シンプル □□□■□□□□□− 複雑		
ストレート○	ロック◎	水割り△	お湯割り△

焼酎甲類の醸造元でスタートしたが、製品の幅を広げ現在では酒類総合メーカーとして知られる。本格焼酎造りは平成年代に着手したものだが、人気銘柄を次々と発表し、「中国地方に中国醸造あり」といわれる存在にまでなった。

代表銘柄は芋や麦の「達磨」だが、米焼酎のこの「天厨貴人」は、それ以上の話題を呼ぶ一味も二味も違う一品だ。原酒を、県内山間部にある名勝・三段峡《さんだんきょう》に近い鉄道用試掘トンネルを使って、樫樽で12年間も貯蔵。やわらかな香りと清らかな味を兼ね備え、すっきりとした飲み口は、従来の米焼酎の概念を超えたとさえいわれる。モンドセレクション最高金賞受賞を毎年継続中。

司牡丹酒造（株）
℡0889-22-1211
高知県高岡郡佐川町甲1299
慶長8年（1603）創業

いごっそう

いごっそう

高知県　米

清酒蔵の超老舗が生み出す長期熟成された群を抜く一品

希望小売価格　720㎖ 2762円

度数………43%
原料………米
麹菌………米麹（白）
蒸留方式…常圧

「いごっそう」とは土佐弁で頑固者の意味。名前のとおり、頑固に理想の焼酎を目指して、厳選された原料と伝統手法を守った結果完成したのが、原料の持つ芳醇な香りとコクに満ちたこの焼酎。ストレート、ロックはもちろん、水割りでもお湯割りでもおいしい。

リッチ	シンプル □□□□□□□□■ー 複雑		
ストレート◎	ロック◎	水割り○	お湯割り○

当醸造所のおもなラインナップ

龍《りょう》馬《ま》からの伝言米焼酎《でんごんこめしょうちゅう》

720㎖ 1150円/25%/米/米麹（白）/常圧

10年間タンク貯蔵された大古酒。まろやかな味わいで、熟成された酒ならではのほのかに香る甘さが特徴だ。ストレート、ロックなどどんな飲み方でも魅力は変わらない。

キャラクター	シンプル □□□□□□□■□ー 複雑		
ストレート◎	ロック◎	水割り○	お湯割り△

蔵元は、関が原の合戦の功で土佐一国を与えられた山内一豊とともに、この地に移り住み、以来400余年の歴史を誇る超老舗。清酒が本業だが、その伝統の醸造技術を活かして造り上げたのが「いごっそう」。10年間という実に長い貯蔵期間を経て世に出された大古酒である。

千年寝坊助《せんねんねぼすけ》

米　福岡県

研醸（株）
☎0942-77-3881
福岡県三井郡大刀洗町大字栄田1089
昭和58年（1983）創業

もろみ造りにこだわり豊潤な香り 清酒蔵の技が生きる米焼酎

希望小売価格　720mℓ　1135円　1.8ℓ　1815円

度数………25%
原料………米
麹菌………米麹（白）
蒸留方式…減圧

優しいラベルが物語るように、やわらかな米の風味と口当たりが特徴。千年寝かせたわけではないが、熟成感もあり、ロックやストレートで味わうのがお勧め。

ライト	シンプル □□■□□□□□□ー 複雑		
ストレート◎	ロック◎	水割り○	お湯割り○

筑後平野で有名な清酒「三井《みい》の寿《ことぶき》」の井上合名と、「庭のうぐいす」の山口酒造場の2社が共同で設立した焼酎蔵。一帯は米どころ、麦どころとして知られる肥沃な地だが、その環境を活かした焼酎造りを追求し、平成12年に醸造を開始したのが「千年寝坊助」である。

清酒の吟醸酒のように丁寧にもろみを造る。蒸留濾過した原酒を半年から1年間寝かせてできるこの焼酎は香り豊か。一方で米の風味を保ち雑味のないすっきり感もあり、女性にも飲みやすい仕上がりになっている。親会社が日本酒メーカーということもあって、その技法が焼酎造りに生かされた一品だ。

(資)寿福酒造場
📞0966-22-4005
熊本県人吉市田町28-2
明治23年(1890)創業

むしゃがえし

武者返し

熊本県　米

女性杜氏が守り続ける
球磨唯一の常圧蒸留蔵

希望小売価格　720mℓ 1312円　1.8ℓ 2310円

度数………25%
原料………米
麹菌………米麹(白)
蒸留方式…常圧

地元産ヒノヒカリの新米100%を原料に少量仕込み。長期熟成で角が取れ、香りくっきりながら、落ち着きを感じさせる。ロックがお勧めだが、割り水で燗をして味わうと米の甘さが引き出される。

リッチ	シンプル □□□□□□□■□ー 複雑		
ストレート○	ロック◎	水割り○	お湯割り◎

当醸造所のおもなラインナップ

杜氏《とうじ》きぬ子ハナタレ

500mℓ 3575円/44.9%/米/米麹(白)/常圧

旨味が凝縮した初留取り(ハナタレ)、しかも常圧蒸留とあって、香り深く、とろりとした極上酒。生産量の少ない蔵元の上、初留取りはさらに少量しか取れない。サブタイトルに付けられた「いのちのしずく」のネーミングもぴったりだ。貴重だから、ストレートでちびちびと味わいたい。ちなみに麦焼酎にも「杜氏きぬ子ハナタレ」がある。

キャラクター	シンプル □□□□□□□□■ー 複雑		
ストレート◎	ロック○	水割り△	お湯割り△

球磨《くま》焼酎28蔵のうち、唯一の常圧蒸留の蔵元が醸すのがこの「武者返し」。地道な手作業と2年間の貯蔵熟成で、しっかりしながらまろやかな風味に仕上がっている。昔ながらの製法を守り続ける蔵の代表社員、寿福絹子氏は、同時に女性杜氏としても有名。創業以来変わらぬ建物も風情がある。

吟香鳥飼《ぎんこうとりかい》

米　熊本県

(株)鳥飼酒造
℡0966-22-3303
熊本県人吉市七日町2
江戸中期創業

華やかな吟醸香が広がる米焼酎の枠を超えた傑作

希望小売価格　720㎖ 1890円

度数………25%
原料………米(山田錦)
麹菌………米麹
蒸留方式…減圧

完熟したフルーツや花束のような香りが広がり、口当たりはソフト。ほのかな甘味に続く白桃のような後口も魅力。大ぶりのカチ割り氷とミネラルウォーターのハーフロックで味わいたい。ストレート、水割りもいい。食前酒として飲みたい。

フレーバー	シンプル □□■□□□□□□— 複雑		
ストレート◎	ロック◎	水割り○	お湯割り△

鳥飼酒造は、米焼酎の名産地、球磨地方でも異彩を放つ蔵元として知られる。理由の一つが、清酒に使う吟醸麹と吟醸酵母を使用することで、焼酎にして日本酒のような華やかな吟醸香を持つ「吟香鳥飼」を造り出したことにある。15年にわたる研究開発に心血を注ぎ込んだ成果だ。

江戸中期創業の歴史に裏打ちされた醸造技術の蓄積、仕込み水の元になる伏流水を生む草津川《くさつがわ》と周辺の森、150万㎡の保全に努めるなど、焼酎造りには良好な環境があるべきとの企業姿勢がこの酒を生み出した。世界中の銘酒を集めた「モンドセレクション国際食品コンクール'96」の特別金賞に輝いたが、それもうなずけるところだ。

高橋酒造(株)
☎0966-24-5155
熊本県人吉市合の原町498
明治33年(1900)創業

白岳しろ《はくたけしろ》

熊本県　米

全国区で愛飲されている球磨焼酎のトップブランド

希望小売価格　720mℓ 1155円　1.8ℓ 2257円

度数………25%
原料………米
麹菌………米麹(白)
蒸留方式…減圧

フルーティーで上品な米の香りと軽やかな口当たり。クセや雑味を抑えた減圧蒸留法によるさわやかで飲み飽きないうまさがある。ロック、水割りに合う。

ライト	シンプル ■□□□□□□□□ー 複雑		
ストレート○	ロック◎	水割り◎	お湯割り○

当蔵の代表銘柄「白岳」とともに、球磨《くま》焼酎のトップブランドの一つに挙げられる「白岳しろ」。厳選した高精白米と人吉《ひとよし》盆地に湧き出る清らかな水、最先端の設備、経験豊富な杜氏たちの技が醸す、深いコクと香りを持ちながらマイルドですっきりとした飲み口の米焼酎だ。

当醸造所のおもなラインナップ

白岳《はくたけ》
1.8ℓ 1814円/25%/米/米麹(白)/減圧
当蔵のゆるぎない代表銘柄。減圧、低温蒸留することで、アクや臭み、雑味を取り除いたすっきりした味わいと、マイルドでスムーズな喉越しを生み出したのが特徴。

ライト	シンプル ■□□□□□□□□ー 複雑		
ストレート○	ロック◎	水割り◎	お湯割り○

待宵《よいまち》
720mℓ 1575円　1.8ℓ 2940円(熊本限定価格)/28%/米/米麹(白)/減圧
全麹仕込みという新しい製法を採用したまさにプレミアムな米焼酎。豊潤な香り、まろやかな風味、深いコクを実現した贅沢な一品だ。

リッチ	シンプル □□□■□□□□□ー 複雑		
ストレート○	ロック◎	水割り◎	お湯割り○

文蔵25度《ぶんぞうにじゅうごど》

米　熊本県

木下醸造所
℡0966-42-2013
熊本県球磨郡多良木町多良木785
文久2年（1862）創業

昔ながらの常圧蒸留の良さをじっくり楽しめる本格米焼酎

希望小売価格　900mℓ 1134円　1.8ℓ 2163円

度数………25%
原料………米
麹菌………米麹（白）
蒸留方式…常圧

ミルキーで濃厚、ふくらみのある味わい。減圧焼酎にはない独特の香りがあり、いい意味での焼酎臭さが感じられる本格派。同じブランド名で35度、40度もある。いずれもストレート、ロックで味わえば、米の旨味がより実感できる。

リッチ	シンプル □□□□□□□■□― 複雑		
ストレート◎	ロック◎	水割り○	お湯割り○

年間550石しか製造しない小さな蔵。石積みの麹室で手造りの麹を用い、かめ仕込み、常圧蒸留という昔ながらの製法を守り、米焼酎を造り続ける。常圧蒸留の焼酎は熟成効果があることから、長期貯蔵させた古酒も多い。代表銘柄の「文蔵」は創業者の名で、当地の民謡にも唄われている。

当醸造所のおもなラインナップ

文蔵《ぶんぞう》10年もの

720mℓ 4620円/37%/米/米麹（白）/常圧

10年間も長期貯蔵することで生み出された、芳醇な香りと奥底から湧き出してくるような甘味が特徴。まずはストレートかロックで味わいたい一品だ。

リッチ	シンプル □□□□□□□□■― 複雑		
ストレート◎	ロック◎	水割り○	お湯割り△

文蔵原酒《ぶんぞうげんしゅ》

720mℓ 3255円/40%/米/米麹（白）/常圧

5年ほどの貯蔵熟成を経て製品に。原酒ならではの独特の香りと深み、余韻、甘味の奥に潜む複雑な味わいが凝縮されている。

リッチ	シンプル □□□□□□□□■― 複雑		
ストレート◎	ロック◎	水割り○	お湯割り△

（資）宮元酒造場
☎0966-42-2278
熊本県球磨郡多良木町黒肥地790
文化7年（1810）創業

九代目《きゅうだいめ》

熊本県　米

300余年の伝統を忠実に守り 全手造りで醸す希少な焼酎

希望小売価格　720mℓ 1290円　1.8ℓ 2420円

度数………25%
原料………米（ヒノヒカリ）
麹菌………米麹（白）
蒸留方式…減圧

一次甕壺、二次タンクにより5年間の貯蔵を経て世に出る。穏やかできれいな香味に仕上がっており、ほのかに米の香りが立ち上がる、まろやかで優しい口当たりも魅力だ。生産量が僅かなため、問屋を通さず全国約100の特約店で限定直売。

リッチ	シンプル □□□■□□□□□－ 複雑		
ストレート○	ロック◎	水割り○	お湯割り◎

江戸後期に相良《さがら》藩主の拝命により茶屋（焼酎屋）として創業。以来300余年、杜氏の手感による麹造り、木桶コシキでの蒸米造り、「かめ壺」仕込み造り、伝承単式蒸留と、焼酎造りの原点ともいうべき全手造りの工程を守り続けている。「九代目」はその歴史の重みを受け継いだ代表銘柄だ。

当醸造所のおもなラインナップ

九代目《きゅうだいめ》みやもと

720mℓ 2730円/35%/米/米麹（白）/減圧
「秘蔵木樽熟成」のサブタイトルが示すように、長期熟成の末、ウイスキーに近い甘い香りの一品に仕上がった。35度の度数を感じさせない、さわやかな喉越しも特徴だ。

キャラクター	シンプル □□□□□□□□■－ 複雑		
ストレート◎	ロック◎	水割り○	お湯割り△

萬《よろず》屋《や》玄《げん》

720mℓ 2940円/39%/米/米麹（白）/減圧
タンク貯蔵5年の後、無濾過で瓶詰めされたもので、高い度数と相まって、力強い味わいが口中にふくらむ。ロック、水割りで味わいたい。

リッチ	シンプル □□□□□□□■□－ 複雑		
ストレート○	ロック◎	水割り◎	お湯割り○

とよながくら

豊永蔵

米　熊本県

(名)豊永酒造
☎0966-43-2008
熊本県球磨郡湯前町老神1873
明治27年(1894)創業

自家米仕込みの伝統蔵が造る米の香りと甘味を楽しめる焼酎

希望小売価格　720㎖ 1365円　1.8ℓ 2730円

度数………25%
原料………米(ヒノヒカリ)
麹菌………米麹(白)
蒸留方式…減圧

ほのかな吟醸香と、米本来の甘さが生きた上品な味わいが楽しめる。爽快感があるので、ストレートで飲んでも料理を引き立てる。

フレーバー	シンプル □□■□□□□□□― 複雑		
ストレート◎	ロック◎	水割り◎	お湯割り○

四方を山に囲まれた自然豊かな環境にあるオーガニック認定蔵。自家田と16軒の契約農家が栽培する有機無農薬栽培米を原料に、球磨川《くまがわ》の伏流水(弱アルカリ天然水)を用い、大正8年建造の石室で、熟練した蔵人の五感に頼った全量手造り、少量甕《かめ》仕込みの米焼酎を造っている。

当醸造所のおもなラインナップ

常圧蒸留豊永蔵《じょうあつじょうりゅうとよながくら》
720㎖ 1420円　1.8ℓ 2835円/25%/米/米麹(白)/常圧
常圧で蒸留することで、米の甘味と香りはもちろん、特にコクのある焼酎に仕上がっている。お湯割り、水割りがお勧めだ。

リッチ	シンプル □□□□□□□■□― 複雑		
ストレート○	ロック○	水割り◎	お湯割り◎

完《かん》がこい
720㎖ 1575円/25%/米/米麹(白)/減圧
豊永蔵の原酒をシェリー樽に貯蔵。シェリー独特の色と甘味が特徴で、ウィスキーのようなふくよかでマイルドな味わいが楽しめる。ストレート、ロックで味わうのがいい。

キャラクター	シンプル □□□□□□■□□― 複雑		
ストレート◎	ロック◎	水割り○	お湯割り△

一九道《いっこうどう》
900㎖ 945円　1.8ℓ 1785円/19%/米/米麹(白)/常圧
当蔵が新しいスタイルを追求した結果生まれた19度の軽やかな焼酎。まろやかな味わいが特徴。

ライト	シンプル □□■□□□□□□― 複雑		
ストレート○	ロック◎	水割り○	お湯割り○

ごくらく

極楽

熊本県　米

(有)林酒造場
☎0966-43-2020
熊本県球磨郡湯前町下城3092
江戸時代中期(18世紀初頭)創業

地元の米と水、風土と技が透明感あるまろやかさを生む

希望小売価格　720㎖ 967円　1.8ℓ 1755円

度数………25%
原料………米
麹菌………米麹(白)
蒸留方式…常圧

優しく芳醇でさわやかな香り。透明感の中にも米のほのかな甘さを感じるまろやかな口当たりが特徴で、お湯割りにして味わえば旨さが香る。

リッチ	シンプル □□□□□□■□□ー 複雑		
ストレート○	ロック○	水割り○	お湯割り◎

宮崎と鹿児島の県境近くにある酒造場で、江戸時代中期頃から焼酎造りを続ける九州屈指の老舗蔵元。こだわりは、良い米、良い水、確かな技術。地元球磨《くま》地方の米と創業時より湧き出る井戸水を原料に、伝承の技術と新しい技術が融合し、恵まれた気候風土の中で味わい深い焼酎を醸している。〝楽しさの極み〟すなわち飲んで楽しい焼酎という意味から命名された「極楽」は、口中にほのかに米の香ばしさが広がり、その後から響いてくるようなやわらかい甘さが魅力。後味もすっきりとしている優しい米焼酎だ。3年間の長期熟成でコクもある。常圧のほか、とろりとした旨味の「減圧極楽」も出し好評。

特吟六調子《とくぎんろくちょうし》

六調子酒造（株）
℡0966-38-1130
熊本県球磨郡錦町西1013
大正12年（1923）創業

米　熊本県

常圧蒸留、長期貯蔵にこだわった調和のとれた熟成香がみごと

球磨盆地の中央に位置。数ある球磨焼酎の蔵の中でも、常圧蒸留酒へのこだわりの深さで知られる。米と米麹、清冽な球磨川水系の地下水を原料に、伝統の技術を継承しつつ、貯蔵熟成の研究も重ねている。社名を冠した「特吟六調子」は、二次仕込みに黄麹を用いて深い味わいを実現した。

希望小売価格　720mℓ 2335円（本州価格）

度数………35%
原料………米
麹菌………米麹（白、黄）
蒸留方式…常圧

長期熟成の後、さらに古酒をブレンドすることで味、香り、まろやかさが渾然と調和。焼き芋や栗のような香りとほんのりとした甘味、キレの良い後味が特徴だ。ちなみに「六調子」の名は、球磨人吉民謡からの命名。ラベルデザインと文字は人間国宝・芹沢銈介氏の作。

リッチ	シンプル □□□□■□□□□− 複雑		
ストレート○	ロック◎	水割り○	お湯割り○

当醸造所のおもなラインナップ

圓《えん》

720mℓ 3900円/40%/米/米麹（白）/常圧
精選された原酒を10数年という歳月をかけて磨きあげた超高級古酒。奥深い味と香りがすばらしい。ストレートかロックで、じっくりと味わいたい。年間1万本の限定販売と貴重。

キャラクター	シンプル □□□□□□□□■− 複雑		
ストレート◎	ロック◎	水割り△	お湯割り△

女の器量《おんなのきりょう》

熊本県　米

松の泉酒造（資）
☎0966-45-1118
熊本県球磨郡あさぎり町上北169-1
明治8年（1875）創業

米と芋2つの魅力を合わせた女性のための端正な焼酎

希望小売価格　720mℓ 1700円

度数………20%
原料………米、芋
麹菌………米麹（白）
蒸留方式…減圧

開発に女性の意見を取り入れ、米と芋を巧みにブレンド。やわらかくも浮わつかず、味があるのにすっと飲める。

ライト	シンプル □□■□□□□□□– 複雑		
ストレート○	ロック◎	水割り◎	お湯割り△

球磨《くま》焼酎の里・人吉《ひとよし》で、良質の水が湧く井戸が集まっているという「堀《ほり》の角《すみ》」。ここで六代続く老舗蔵。伝統手法にのっとった丁寧な手造りに定評があるが、一方で焼酎の新たな可能性への模索も続けている。その中で「女性のための本格焼酎を」と生まれたのが「女の器量」だ。

当醸造所のおもなラインナップ

精選水鏡無私《せいせんすいきょうむし》

720mℓ 2065円/25%/米/米麹（黒）/減圧

よりよい麹と酵母をと備長炭を敷き詰めた蔵で造られる「水鏡無私」。さらに田にも備長炭を入れ濾過した水で栽培した米を使ったのが、この「精選」だ。黒麹のコクが雑味なく引き立つ。

ライト	シンプル □□■□□□□□□– 複雑		
ストレート○	ロック◎	水割り◎	お湯割り△

蔵出古酒古蔵《くらだしこしゅこぞう》

720mℓ 2100円/25%/米/米麹（白）/常圧

米焼酎の原酒をシェリー樽やブランデー樽で長期熟成。色合い、甘味、香り、すべてにおいて、これぞ芳醇というにふさわしい。

キャラクター	シンプル □□□□□□□■□– 複雑		
ストレート◎	ロック◎	水割り○	お湯割り△

野うさぎの走り《のうさぎのはしり》

（株）黒木本店
☎0983-23-0104
宮崎県児湯郡高鍋町大字北高鍋776
明治18年（1885）創業

米　宮崎県

清冽で澄み切った酔い心地の古酒ともち米焼酎の絶妙なブレンド

希望小売価格　600㎖ 2700円

度数………37%
原料………もち米、米
麹菌………米麹（白）
蒸留方式…常圧

タイに伝わるもち米の蒸留酒と吟醸酒をイメージして造られた。喉越しの良さとまろやかな味わいが絶品だ。

リッチ	シンプル □□□□■□□□□ー 複雑		
ストレート◎	ロック◎	水割り◎	お湯割り○

老舗のこの蔵元は、常に前衛でありながらも、手仕事による人間性に満ちた焼酎造りを標榜。さらに「焼酎とは農作物が育む文化」との理念を持ち、有機農法へ取り組んでもいる。そのモットーのもと、満を持して世に出したのが「野うさぎの走り」だ。

名前は、野生のうさぎが森へ走り込んでいくような、鮮やかな味わいとさわやかな酔い心地を追求して命名。甕《かめ》で長期貯蔵した米焼酎の古酒と、もち米で仕込んだ焼酎をブレンドすることで、きめ細かい味わいのこの酒が生まれた。飲むほどにその味わいが深まっていく感覚が特徴で、まろやかな余韻も加わる。冷たく冷やして、ストレートやロック、水割りで味わうのがお勧め。

山翡翠《やませみ》

宮崎県　米

(株)尾鈴山蒸留所
☎0983-39-1177
宮崎県児湯郡木城町大字石河内字倉谷656-17
平成10年(1998)創業

蔵人たちの挑戦精神から生まれた吟醸香を放つ新感覚の米焼酎

希望小売価格　720㎖ 1200円　1.8ℓ 2400円

度数………25%
原料………米(ヒノヒカリ、はなかぐら)
麹菌………米麹(白)
蒸留方式…常圧

ラベルに描かれた山翡翠の絵が何とも可愛らしい。スッキリした喉越しとフルーティーな吟醸香を味わうためには、ロックで。

フレーバー	シンプル □□□■□□□□□ー 複雑		
ストレート○	ロック◎	水割り○	お湯割り○

宮崎県を代表する焼酎一筋の老舗蔵元である黒木本店が、理想の焼酎造りを追い求め、森の中に蒸留所を設立。「山翡翠」は、この新設の蔵で、米を主原料にするという蔵人たちの新たな試みにより造られた。

　仕込み水は清冽な尾鈴山《おすずやま》の超軟水の伏流水。これに宮崎県産ヒノヒカリと、同じく宮崎県産の酒造米はなかぐらを原料に、自社培養による独自の酵母菌を使って仕込み、蒸留後は甕《かめ》で3年間の貯蔵・熟成を経る。徹底した手造りで仕上げたもので、芳醇な吟醸香と豊かな米の風味が特徴の、新感覚の純米焼酎だ。ロックがお勧めだが、水割りやお湯割りにすると、より優しい味わいが楽しめる。

しろのたくみ

白の匠

米　鹿児島県

濵田酒造（株）
☎0996-21-5260（お客様相談室）
鹿児島県いちき串木野市湊町4-1
明治元年（1868）創業

技術を駆使し洗練の香り
薩摩の大手蔵が挑んだ純米&黒麹

希望小売価格　720mℓ 1262円　1.8ℓ 1998円

度数………25%
原料………米
麹菌………米麹（黒）
蒸留方式…減圧

「純米焼酎・香り仕立て」のラベルの文字どおり、米と米麹のみを使って味わい深く、吟醸香ともいうべき芳香が魅力。後口も清々しい。

フレーバー	シンプル □□□■□□□□□ー 複雑		
ストレート○	ロック◎	水割り◎	お湯割り△

濵田酒造は、発祥の地・いちき串木野市内に、伝兵衛蔵《でんべえ》、傳藏院蔵《でんぞういん》、薩摩金山蔵《さつまきんざん》の3蔵を構える。蔵それぞれに〝伝統〟、〝継承〟などテーマを持った焼酎造りを行っているのが特徴だ。業界屈指の設備を持つ最新鋭の工場である傳藏院蔵のテーマは革新。芋焼酎の本場・薩摩で米焼酎にチャレンジした「白の匠」はここで生まれる。伝統の先を見据えた技術開発の賜物。まさに革新である。

米と米麹で仕込む純米焼酎だが、米には珍しい黒麹仕込みでコクを出し、低温発酵、減圧蒸留、さらに竹炭濾過することで、すっきりした香りと飲み口の良さを実現している。

白鯨《はくげい》

鹿児島県　米

薩摩酒造（株）
℡0993-72-1231
鹿児島県枕崎市立神本町26
昭和11年（1936）創業

厳選の米と酵母を使い低温熟成
芋の大手蔵が造る米100%焼酎

希望小売価格　720㎖ 1040円　900㎖ 862円　1.8ℓ 1593円
（いずれも税別）

度数………25%
原料………米
麹菌………米麹（白）
蒸留方式…常圧

米焼酎らしいすっきりした飲みやすさと、独特な貯蔵法と酵母が醸し出すフルーティーでさわやかな香りが特徴。お湯割りはもちろん、ロック、水割りもお勧め。

フレーバー	シンプル □□□■□□□□□□— 複雑		
ストレート○	ロック◎	水割り◎	お湯割り◎

薩摩酒造は、２ヶ所の蒸留所や薩摩酒文化資料館などを擁する、鹿児島でも指折りの蔵元である。創業以来、芋焼酎で名を高めてきたが、こだわりの米焼酎も定評がある。最も親しまれているのがこの「白鯨」。厳選した米と米麹、酵母を原料にした米１００％の焼酎だ。

かつての「純米白波」というブランドをさらに磨き上げ、10年ほど前に登場したもので、1年ほどの熟成貯蔵の後出荷。低温熟成で丁寧に造られ、やわらかな口当たりとまろやかさが生み出される。７２０㎖のフロスト瓶には、日本の蒸留酒である証「JAPANSCH ZAKY」の刻印が施されている。まさに自信の一品である。

黒糖

Kokuto

黒糖焼酎の基礎知識

奄美《あまみ》群島のみで造られる限定焼酎

奄美群島とは、奄美大島、喜界島《きかいじま》、沖永《おきのえ》良部島《らぶじま》、徳之島《とくのしま》、与論島《よろんじま》の主要5島と加計《かけ》呂麻島《ろまじま》、請島《うけじま》、与路島《よろじま》などの属島からなる。

サトウキビが中国から奄美群島に伝来したのは１６１０年といわれ、それは奄美群島が薩摩領となった翌年だった。当時の日本では、サトウキビからできる黒糖は高級品だったため、そのほとんどは薩摩藩によって上方へ送られ、群島の人々はもっぱら雑穀やさつまいもなどから焼酎を造っていたといわれる。

晴れて、黒糖焼酎が造られ始めたのは第二次世界大戦中で、それ以前は沖縄同様に泡盛製造が盛んだったが、戦争の米不足から泡盛が造れず、黒糖焼酎造りが盛んになる。

もともとこの酒は糖が原料のため、そのまま醗酵させればアルコール化する。それはサトウキビが原料で麹を使わないラム酒と同類で、日本の酒税法では高い税額を課せられる。しかし、１９５３年クリスマスの本土復帰の際、復帰特別措置として、管轄区域内限定で製造過程に米麹を併用する場合に限り焼酎として製造を認めるという特例が出された。

現在、この特例を遵守しながら、前記主要5島で27場の黒糖焼酎メーカーが情熱を込めた製造を続けている。

彌生《やよい》

彌生

黒糖　鹿児島県

(資)彌生焼酎醸造所
℡0997-52-1205
鹿児島県奄美市小浜町15-3(奄美大島)
大正11年(1922)創業

奄美最古の蔵元が醸す
喉越しが印象的なロングセラー

奄美《あまみ》大島《おおしま》で一番古い蔵元で、昔ながらの味を保つため、原料と麹造りにこだわり、二次仕込みのもろみの熟成を経て、じっくりと常圧蒸留で造る製法を守っている。代表銘柄の「彌生」は、創業以来地元で愛飲されてきたロングセラー銘柄で、口当たりよく、喉越しに印象が残る。

希望小売価格　1.8ℓ 2500円

度数………30%
原料………黒糖
麹菌………米麹(白)
蒸留方式…常圧

甕壺で1年～2年熟成させた、蔵元の名を持つ伝統の銘柄。口当たりがやわらかく飲みやすいが、喉にインパクトがきて、後からじんわりと香りが広がる。ロック、お湯割りがお勧めだ。25度の「彌生」もある。

キャラクター	シンプル ――□□□□■□―― 複雑		
ストレート○	ロック◎	水割り○	お湯割り◎

当醸造所のおもなラインナップ

まんこい
1.8ℓ 2600円/30%/黒糖/米麹(白)/常圧
樫樽に3年以上貯蔵した長期熟成酒で、銘柄名は「福を招く」という意味。いかにも福を呼びそうな淡い黄金色と、ふっくらとした甘い香りが受けて、めでたい席に人気がある。ロックか水割りで味わいたい。

キャラクター	シンプル ――□□□□□■―― 複雑		
ストレート○	ロック◎	水割り◎	お湯割り○

彌生《やよい》瓶《かめ》仕込《じこみ》
1.8ℓ 3000円/30%/黒糖/米麹(黄)/常圧
土の中に埋めた甕の中で熟成した後、タンクで長期熟成。まろやかでコクがある。水割りにして、口中でゆっくりと転がしながら飲むのがいい。

キャラクター	シンプル ――□□□■□□―― 複雑		
ストレート○	ロック◎	水割り◎	お湯割り○

(有)富田酒造場
℡0997-52-0043
鹿児島県奄美市名瀬入舟町7-8(奄美大島)
昭和26年(1951)創業

龍宮《りゅうぐう》

鹿児島県　黒糖

伝統の甕で仕込んだ温かくぬくもりのある名酒

希望小売価格　900mℓ 1485円　1.8ℓ 2745円

度数………30%
原料………黒糖
麹菌………米麹(黒)
蒸留方式…常圧

国産米の黒麹仕込み。濃厚なコクと旨味があり、香りの良さも際立つ。シャープでキレが良いが、お湯割りにすればマイルドな味わいを楽しめる。

キャラクター	シンプル --□□□□■□-- 複雑		
ストレート○	ロック◎	水割り○	お湯割り◎

年間生産量が約500石と小さな蔵元。「ピュアで素朴な焼酎」を目指し、少量の焼酎を丁寧に造る。一次・二次ともに、奄《あま》美《み》では珍しくなった甕《かめ》仕込みで、じっくりと発酵させてから蒸留。主力の「龍宮」をはじめ、他の銘柄にも熱烈なファンがおり、いずれも入手が難しい銘柄といわれる。

当醸造所のおもなラインナップ

まーらん舟《せん》

500mℓ 2160円/33%/黒糖/米麹(黒)/常圧

地元産の黒糖、黒麹を使い、昔の古酒のようなトロ味のある味わいに仕上げた逸品。ストレートがお勧めだが、つい杯を重ねてしまう旨さ。「あぶないお酒です」(蔵元)。

キャラクター	シンプル --□□□□□■-- 複雑		
ストレート◎	ロック◎	水割り○	お湯割り○

らんかん

720mℓ 2640円/43%/黒糖/米麹(黒)/常圧

無濾過原酒を2年ほど熟成。ほのかな木の香りがする、黒糖焼酎の旨さをすべて凝縮したような味わいが特徴だ。お湯割りか、クラッシュアイスでロックがお勧め。「エレガントなお酒です」(蔵元)。

キャラクター	シンプル --□□□□□■-- 複雑		
ストレート○	ロック◎	水割り○	お湯割り◎

加那《かな》

黒糖　鹿児島県

西平酒造（株）
☎0997-52-0171
鹿児島県奄美市名瀬小俣町11-21（奄美大島）
昭和2年（1927）創業

昔ながらの製法へのこだわりが生む琥珀色の輝きを放つ熟成酒

希望小売価格　720mℓ 2326円（関東地区価格）

度数………40%
原料………黒糖
麹菌………米麹（白）
蒸留方式…常圧

タンクで1年、樫樽で1年余り貯蔵しており、淡い琥珀色の輝きが特徴。深いコクと甘味があり、ロックで味わうと格別。

キャラクター	シンプル ---□□□□□■--- 複雑		
ストレート○	ロック◎	水割り○	お湯割り△

一次・二次仕込みとも甕を使用するなど、伝統的な製法を守り、また長期貯蔵酒にこだわることでも知られる蔵元。発売以来40年近くロングセラーを続ける代表銘柄の「加那」は、平成20年秋季全国酒類コンクール黒糖焼酎部門で第1位獲得をはじめ、各種コンテスト受賞の常連だ。

当醸造所のおもなラインナップ

珊瑚《さんご》

1.8ℓ 2242円（関東地区価格）/30%/黒糖/米麹（白）/常圧

幅広い年齢層に飲まれているレギュラー焼酎。黒糖の甘い香りとすっきりした味わいが特徴。

キャラクター	シンプル ---□□□□■□--- 複雑		
ストレート○	ロック◎	水割り○	お湯割り○

加那伝説悠々《かなでんせつゆうゆう》

700mℓ 30000円（関東地区価格）/34%/黒糖/米麹（白）/常圧

割り水、濾過をせず瓶詰めした25年以上貯蔵の超古酒。芳醇な香りと深いコクがある当蔵の逸品中の逸品。

キャラクター	シンプル ---□□□□□■--- 複雑		
ストレート◎	ロック○	水割り△	お湯割り△

加那伝説華《かなでんせつはな》

720mℓ 6825円（関東地区価格）/28%/黒糖/米麹（白）/常圧

25年古酒と樫樽貯蔵の原酒を7:3の割合でブレンド。飲み口はとろっとまろやか。

キャラクター	シンプル ---□□□□□■--- 複雑		
ストレート◎	ロック◎	水割り○	お湯割り△

八千代《やちよ》

鹿児島県　黒糖

(株) 西平本家
☎0997-52-0059
鹿児島県奄美市名瀬古田町21-25（奄美大島）
大正14年（1925）創業

創業以来の伝統技法を守り
芳醇でまろやかな味わいを生む

希望小売価格 900㎖ 1305円 1.8ℓ 2390円（いずれも税別・県外価格）

度数……… 30%
原料……… 黒糖
麹菌……… 米麹（白）
蒸留方式… 常圧

鑑評会受賞はほぼ毎年という創業以来のロングセラー。三段仕込みが醸す黒糖のほのかな香りとまろやかな味わいが特徴。

キャラクター	シンプル ――□□□■□□―― 複雑		
ストレート○	ロック◎	水割り○	お湯割り○

喜界島《きかいじま》で創業し、昭和2年に奄美大島《あまみおおしま》に移転。「お客様に愛される酒造り」をモットーに、代表銘柄の「八千代」をはじめ、創業以来の瓶仕込みと常圧蒸留で製品を造る。さらに、二次麹を仕込む工程を加えた三段仕込みでもろみを醸す独自の手法が、芳醇にして繊細な旨味を引き出している。

当醸造所のおもなラインナップ

氣《き》白麹《しろこうじ》仕《し》込《こ》み

720㎖ 1264円 900㎖ 1224円 1.8ℓ 2052円（いずれも税別・県外価格）/25%/黒糖/米麹（白）/常圧
洗練された香りとなめらかな喉越しが楽しめる一品。鹿児島県本格焼酎鑑評会、熊本国税局酒類鑑評会ともに3年連続受賞。

キャラクター	シンプル ――□□□■□□―― 複雑		
ストレート○	ロック◎	水割り○	お湯割り○

氣《き》黒麹《くろこうじ》仕《し》込《こ》み

720㎖ 1264円 900㎖ 1224円 1.8ℓ 2067円（いずれも税別・県外価格）/25%/黒糖/米麹（黒）/常圧
甘い香りがあり、黒麹の香ばしいコクと甘さ、深い味わいが堪能できる。

キャラクター	シンプル ――□□□□□■―― 複雑		
ストレート○	ロック○	水割り○	お湯割り○

天孫岳《あまんでぃー》

900㎖ 1348円 1.8ℓ 2429円（いずれも税別・県外価格）/30%/黒糖/米麹（白）/常圧
樫樽に貯蔵することで琥珀色に仕上がり、香りも豊かでまろやかな味わいが生まれた。

キャラクター	シンプル ――□□□□□■―― 複雑		
ストレート○	ロック◎	水割り○	お湯割り△

浜千鳥乃詩《はまちどりのうた》

黒糖　鹿児島県

奄美大島酒造（株）
☎0997-52-8441
鹿児島県奄美市名瀬入舟町8-21（奄美大島）
昭和45年（1970）創業

昭和57年に島内では最も美味しいといわれる「ジョウゴの水」が湧く龍郷町に工場を移転。この水を地下から汲み上げて仕込みに使うほか、軟水化させてから割り水に使用。黒糖も高コストながら地元産を主原料に選ぶ。この努力の結晶が「浜千鳥乃詩」などの人気ブランドを生んでいる。

美味しい水で仕込んだ穏やかな甘さとまろやかな風味

希望小売価格　900mℓ 1365円　1.8ℓ 2530円

度数………30%
原料………黒糖
麹菌………米麹（白）
蒸留方式…常圧

2年以上熟成させた2種類の原酒をブレンドし、さらに2年以上貯蔵熟成するという手間をかけて商品に。雑味がなく果物のような甘い香りがあり、お湯割りにすると、さらにまろやかになる。

キャラクター	シンプル ---□□□□■□--- 複雑		
ストレート○	ロック◎	水割り○	お湯割り◎

当醸造所のおもなラインナップ

高倉《たかくら》

720mℓ 1790円/30%/黒糖/米麹（白）/常圧

原酒を樫樽で3年以上熟成。樽香と黒糖のコクと甘い香りがほどよく調和し、豊かな味わいに仕上がっている。ロック、水割りで味わうのがベスト。

キャラクター	シンプル ---□□□□■□--- 複雑		
ストレート○	ロック◎	水割り◎	お湯割り○

じょうご Jougo

720mℓ 1320円/25%/黒糖/米麹（白）/減圧

仕込みに使う名水の名を冠し、奄美大島産の黒糖を100%使用。減圧蒸留した後、タンクで2年以上貯蔵することで、口当たりがやわらかく、飲み口がさわやかな仕上がりになっている。「黒糖焼酎初心者にはぜひ飲んでいただきたい」という。

フレーバー	シンプル ---□■□□□□--- 複雑		
ストレート○	ロック◎	水割り◎	お湯割り△

里の曙《さとのあけぼの》

鹿児島県　黒糖

町田酒造（株）
☎0997-62-5011
鹿児島県大島郡龍郷町大勝3321（奄美大島）
昭和63年（1988）創業

奄美で最も飲まれている黒糖焼酎の定番商品

希望小売価格　720mℓ 1365円　1.8ℓ 2310円

度数………25%
原料………黒糖
麹菌………米麹（白）
蒸留方式…減圧

奄美で初めて減圧で蒸留したのがこの酒。原料の強さが抑えられ、飲みやすさ抜群。さらに3年間貯蔵することで、口当たりはまろやか。黒糖ならではの甘味もほのかに広がる。

フレーバー	シンプル ―■□□□□□― 複雑		
ストレート○	ロック◎	水割り◎	お湯割り△

奄美《あまみ》群島最大の生産量を誇る蔵元として知られる。戦前から営んでいた石原酒造の焼酎造りを引き継ぎ、町田酒造として再スタートしたもので、平成2年に工場を新設。他社に先駆けていち早く減圧蒸留を取り入れ、翌年末に発表したのが、代表ブランドの「里の曙」である。

「黒糖焼酎を極める」を企業理念に、原料を精選し、長期熟成にこだわることで、女性にも親しまれる、芳醇な香りとまろやかな口当たりのこの焼酎が生まれた。今や、黒糖焼酎の旨さを一般に広めた銘柄ともいわれるほど。ストレート、水割りなどいずれの飲み方もいいが、「ロックがうまい」が蔵元のキャッチフレーズだ。

あまみ長雲《あまみながくも》

黒糖　鹿児島県

(有) 山田酒造
℡0997-62-2109
鹿児島県大島郡龍郷町大勝1373-ハ(奄美大島)
昭和32年 (1957) 創業

常圧蒸留と長期貯蔵で 甘く豊かな風味を徹底追求

希望小売価格　900mℓ 1470円　1.8ℓ 2750円

度数………30%
原料………黒糖
麹菌………米麹 (白)
蒸留方式…常圧

昔ながらの甕仕込み。軽めの濾過をして油分のすくい取りをきめ細かく行うことで、黒糖の旨味が凝縮した仕上がりに。フルーツのような香りがあり、とろっとした甘味が特徴。水割り、お湯割りで味わうのがいい。

キャラクター　シンプル ――□□□□■□―― 複雑
ストレート○　ロック○　水割り◎　お湯割り◎

当醸造所のおもなラインナップ

長雲《ながくも》長期《ちょうき》熟成《じゅくせい》貯蔵《ちょぞう》
1.8ℓ 4480円/30%/黒糖/米麹 (白)/常圧
あまみ長雲の原酒を5年以上貯蔵した古酒。熟成により旨味と芳醇な香りが一段と映える。出荷数限定品。ストレート、ロックで味わうのがいい。

キャラクター　シンプル ――□□□□■□―― 複雑
ストレート◎　ロック◎　水割り○　お湯割り○

長雲《ながくも》一番橋《いちばんばし》
1.8ℓ 3100円/30%/黒糖/米麹 (白)/常圧
2年〜4年間貯蔵。原料処理の段階で工夫し、黒糖の風味がさらに強調された一品。黒糖の香り豊かでロック、水割り、お湯割りそれぞれに、微妙に異なる味わいを楽しめる。

キャラクター　シンプル ――□□□□■□―― 複雑
ストレート○　ロック◎　水割り◎　お湯割り◎

奄美《あまみ》大島《おおしま》北部にある小さな蔵。二代目の隆氏と長男の隆博氏が家族で焼酎を造る。仕込み・もろみの温度管理・瓶詰め・ラベル貼りなどはすべて手作業。こだわりは、「常圧蒸留でできるだけ黒糖の風味を出すこと」。長期貯蔵にも力を入れ、「あまみ長雲」をはじめ、通をうならせる焼酎を造る。

朝日《あさひ》

鹿児島県　黒糖

朝日酒造（株）
☎0997-65-1531
鹿児島県大島郡喜界町湾41-1（喜界島）
大正5年（1916）創業

奄美群島で最初に朝日を望む地で、まさに輝く味を醸し出す伝統酒

希望小売価格　720mℓ 1220円　1.8ℓ 2130円（地元価格）

度数………30%
原料………黒糖
麹菌………米麹（白）
蒸留方式…常圧

黒糖焼酎マニアの間で人気が高いブランド。優しい黒糖の香りがあり、まろやかでスッキリとした飲み口。コクと風味も抜群。

キャラクター	シンプル ―□□□■□□― 複雑		
ストレート○	ロック◎	水割り○	お湯割り◎

喜界島《きかいじま》で最も古い歴史を誇る蔵元。社名を冠した「朝日」は伝統をつないできた創業以来の代表銘柄だ。シマのセーヤ（島の酒屋）として親しまれており、隆起さんご礁に磨かれて湧き出る水で仕込み、良質な黒糖を使用して出来上がる。原料本来の豊かなコクと、キレのいい後味が特徴だ。

当醸造所のおもなラインナップ

壱《いち》乃《の》醸《じょう》朝日《あさひ》

720mℓ 1550円　1.8ℓ 3050円（全国価格）/25%/黒糖/米麹（黒）/常圧

通常より多めの黒糖を加え、黒麹を使うことで、黒糖の香りがはっきりと現れ、すっきりとした味わいが特徴。

キャラクター	シンプル ―□□□■□□― 複雑		
ストレート○	ロック◎	水割り○	お湯割り◎

飛《ひ》乃《の》流《りゅう》朝日《あさひ》

720mℓ 1450円　1.8ℓ 2800円（全国価格）/25%/黒糖/米麹（白）/常圧

低温発酵で仕込んでおり、フルーティーでやわらかな味わいが魅力だ。

フレーバー	シンプル ―□■□□□□― 複雑		
ストレート○	ロック◎	水割り◎	お湯割り◎

陽《ひ》出《いず》る國《しま》の銘酒《せえ》

360mℓ 3000円（全国価格）/42～44%/黒糖/米麹（白）/常圧

自家栽培の無農薬サトウキビを自社工場で精製。その原料を使い、5年熟成の後、原酒のまま瓶詰めした逸品。

キャラクター	シンプル ―□□□□□■― 複雑		
ストレート◎	ロック◎	水割り○	お湯割り◎

喜界島《きかいじま》

喜界島

黒糖　鹿児島県

喜界島酒造（株）
☎0997-65-0251
鹿児島県大島郡喜界町赤連2966-12（喜界島）
大正5年（1916）創業

長期の貯蔵熟成にこだわり深いコクと余韻を実現

希望小売価格　900mℓ 1096円　1.8ℓ 2006円

度数………25%
原料………黒糖
麹菌………米麹（白）
蒸留方式…常圧

熟成されているので喉越しがまろやか。甘味もある。全体のバランスが良く飲みやすいので、黒糖焼酎初心者にもお勧め。ロック、水割り、お湯割りと好みに合わせて味わえる万能型だ。

キャラクター	シンプル ――□□□■□□―― 複雑		
ストレート○	ロック◎	水割り○	お湯割り◎

奄美《あまみ》群島・喜界島の蔵元。温度・湿度・風など風土に合わせた黒糖焼酎造りをモットーとしており、代表銘柄の「喜界島」をはじめ各製品は「くろちゅう」の愛称で知られる。自慢は27万ℓの5本の巨大な貯蔵タンクによる熟成。長期にわたり熟成させた焼酎は、いずれも香り良く、味わい深い。

当醸造所のおもなラインナップ

三年《さんねん》寝《ね》太蔵《たぞう》

720mℓ 1754円　1.8ℓ 2690円/30%/黒糖/米麹（白）/常圧

名前のとおり3年古酒に5年～10年古酒をブレンドした当蔵の自信作。黒糖焼酎古酒本来の味を堪能できる。

キャラクター	シンプル ――□□□□■□―― 複雑		
ストレート○	ロック◎	水割り○	お湯割り○

しまっちゅ伝蔵《でんぞう》

900mℓ 1248円　1.8ℓ 2286円/30%/黒糖/米麹（白）/常圧

長年の伝統製法で醸造。黒糖焼酎の味を前面に出し、昔ながらのコクと素朴な香りを再現している。

キャラクター	シンプル ――□□□□□■―― 複雑		
ストレート○	ロック◎	水割り○	お湯割り○

稲乃露《いねのつゆ》

鹿児島県　黒糖

沖永良部酒造（株）
☎0997-92-0185
鹿児島県大島郡和泊町玉城字花トリ1999-1
昭和44年（1969）創業　　（沖永良部島）

珊瑚の島の恵みを受けた黒糖をたっぷり使う焼酎

希望小売価格　900mℓ 1166円　1.8ℓ 1964円

度数………25%
原料………黒糖
麹菌………米麹（白）
蒸留方式…常圧

黒糖を米麹の2倍使用しており、豊かなコクが味わえる。甘さと香ばしさのバランスが良く、ロックにすると上品になる。

キャラクター	シンプル ーー□□□■□□ーー 複雑		
ストレート○	ロック◎	水割り○	お湯割り○

沖永良部島《おきのえらぶじま》の蔵元が共同で瓶詰め工場を設立。現在は徳田酒造、沖酒造、竿田酒造、神崎産業の4社の焼酎をブレンドしている。主力銘柄の「稲乃露」は沖永良部酒造を代表する銘柄。このほか、海洋深層水を使用した「はなとり」など、いずれ劣らぬ人気銘柄が揃う。

当醸造所のおもなラインナップ

白《しら》ゆり40度《ど》

720mℓ 2216円/40%/黒糖/米麹（白）/常圧

タンクと樽に長期間貯蔵させた古酒。樽香が鼻をくすぐり、コクがあり口当たりはさわやか。芳醇な香りはブランディーを思わせる。ストレート、ロックで味わいたい。

キャラクター	シンプル ーー□□□□□■ーー 複雑		
ストレート◎	ロック◎	水割り○	お湯割り○

えらぶ30度《ど》

1.8ℓ 2258円/30%/黒糖/米麹（白）/常圧

南国らしいさわやかな飲み口。伸びのある香味が特徴で、水割りで味わっても香りが崩れない。後味に快い余韻が広がる。

キャラクター	シンプル ーー□□□■□□ーー 複雑		
ストレート◎	ロック◎	水割り○	お湯割り○

はなとり20度《ど》

720mℓ 1302円　900mℓ 1197円　1.8ℓ 2058円/20%/黒糖/米麹（白）/減圧

蔵元初の減圧蒸留。割り水の一部に海洋深層水を使っている、クセのないソフトタイプ。冷やしてストレートかロックで。

フレーバー	シンプル ーー■□□□□□ーー 複雑		
ストレート◎	ロック◎	水割り○	お湯割り○

天下一《てんかいち》

黒糖　鹿児島県

新納酒造（株）
☎0997-93-4620
鹿児島県大島郡知名町知名313-1（沖永良部島）
大正9年（1920）創業

黒糖の風味を引き出すため長期熟成に力を注ぐ

希望小売価格　900mℓ 1140円　1.8ℓ 2070円（地元価格）

度数………30%
原料………黒糖
麹菌………米麹（白）
蒸留方式…常圧

さんご礁で濾過されたミネラル豊富な自然水を使用。ラム酒のような香りと甘味がある、ワイルドで個性的な酒。度数は高いが酔い心地はさわやか。

キャラクター	シンプル ━□□□□□■━ 複雑		
ストレート○	ロック◎	水割り○	お湯割り○

「花の島」とも呼ばれる沖永良部島の南部で、大正時代から続く蔵元。黒糖焼酎の風味を強くするために米麹1：黒糖2の比率で仕込んでおり、長期貯蔵した古酒にも力を注ぐ。「天下一」も2〜3年長期熟成させており、まろやかな風味と豊かな香りを引き出している。

当醸造所のおもなラインナップ

水連洞《すいれんどう》

720mℓ 2053円（地元価格）/40%/黒糖/米麹（白）/常圧

原酒を5年間かけてじっくり長期熟成、上品さを感じさせる深みのある味わいだが、後味はさっぱりしている。

キャラクター	シンプル ━□□□□□■━ 複雑		
ストレート◎	ロック◎	水割り○	お湯割り△

天下無双《てんかむそう》

500mℓ 1050円（地元価格）/35%/黒糖/米麹（白）/常圧

もろみに黒糖を直接投入して造る、これまでにない製法の焼酎。香り豊かでまろやか。

キャラクター	シンプル ━□□□□□■━ 複雑		
ストレート○	ロック◎	水割り◎	お湯割り○

寿《ことぶき》

900mℓ 2695円（地元価格）/35%/黒糖/米麹（白）/常圧

長期熟成古酒。12年間熟成させて、飲み口をマイルドに仕上げた。

キャラクター	シンプル ━□□□□□■━ 複雑		
ストレート◎	ロック◎	水割り○	お湯割り△

ブラック奄美《ぶらっくあまみ》

奄美酒類（株）
℡0997-82-0254
鹿児島県大島郡徳之島町亀津1194（徳之島）
昭和40年（1965）創業

鹿児島県　黒糖

5つの蔵元が精魂込めた原酒を絶妙なブレンドで味わい深い焼酎に

希望小売価格　720㎖ 2520円

度数………40%
原料………黒糖
麹菌………米麹（白）
蒸留方式…常圧

黒糖焼酎本来の甘さ、コクに加え、樫樽独特の香りとまろやかさが絶妙に調和しているのが特徴。ロック、水割りで味わうのがいい。

キャラクター	シンプル ーー□□□□■□ーー 複雑		
ストレート○	ロック◎	水割り◎	お湯割り○

発売元は、徳之島の中村酒造、天川酒造、亀澤酒造、高岡醸造、松永酒造場の5つの蔵の共同瓶詰め会社。5社の原酒をブレンドすることで、安定した酒質が保たれている。「奄美」のブランド名で統一しており、「奄美ブラック」は樫樽長期貯蔵の代表作だ。

当醸造所のおもなラインナップ

奄美《あまみ》
1.8L 2100円/25%/黒糖/米麹（白）/常圧
甘い香りとコク、すっきりとした口当たりが持ち味。当蔵の製品は、鹿児島本格焼酎鑑評会黒糖部門での総裁賞受賞の常連だ。

キャラクター	シンプル ーー□□□■□□ーー 複雑		
ストレート○	ロック◎	水割り○	お湯割り◎

黒奄美《くろあまみ》
720㎖ 1260円　1.8L 2205円/25%/黒糖/米麹（黒）/常圧
伝統の黒麹仕込みにこだわった一品で、香りにくせがなく、やわらかな味わいを堪能できる。ちなみに徳之島はかつて長寿世界一の泉重千代さんを生んだ地。焼酎は「長寿の酒」として親しまれている。

キャラクター	シンプル ーー□□□□■□ーー 複雑		
ストレート○	ロック◎	水割り○	お湯割り◎

その他
Others

その他の焼酎の基礎知識

これほどの原料がある焼酎に脱帽

　さつまいも、麦、米、黒糖、タイ米（泡盛）を除く、それ以外の原料で造られた本格焼酎を、本書ではこの項で紹介する。なかでも最も歴史あるのが酒粕《さけかす》（粕取《かすとり》）焼酎だ。清酒を造った後に出る絞り粕をそのまま蒸留したものだが、発祥は17世紀といわれる。当時清酒どころとして知られた福岡県筑後平野で始まったといわれる。清酒蔵元では当然のごとく酒粕がつきものということもあり、瞬く間に全国に広まったようだ。現在では、清酒そのものを蒸留する焼酎も生まれている。

　さらに、九州地方以外への仕込み法の伝播や麹の安定的な供給などによって、大正時代以降には、全国各地に穀類を原料にした多種多彩な焼酎が誕生。栗《くり》、人参《にんじん》、じゃがいもはもとより、カボチャやエンドウ豆、シソ、昆《こん》布《ぶ》、はては大根やクマザサ、牛乳に至るまでが用いられるほどである。

　なかでも代表的な原料がそば。昭和48年に宮崎県で発売された「そば雲海」が始まりと歴史こそ新しいが、さわやかな味わいが評判となり、今では定番焼酎の一角に迫る人気ぶりだ。また、そばどころとして名高い長野県でもそばを醸す蔵元が増え、名産地の一つと呼ばれるようになった。

峠35°《とうげさんじゅうごど》

そば　長野県

橘倉酒造
℡0267-82-2006
長野県佐久市臼田653-2
元禄時代（1688～1703）初期創業

信州名産のそばと清冽な水が織り成す香り高いそば焼酎の代表格

希望小売価格　720㎖ 1995円

度数………35%
原料………そば
麹菌………米麹（黄）
蒸留方式…常圧

そば80%米麹20%の割合にこだわり、麹で糖化する伝統製法。むき実を丸ごと使い、そばの香り抜群。お湯割りにも型崩れしない。

リッチ	シンプル □□□■□□□--- 複雑		
ストレート○	ロック○	水割り◎	お湯割り◎

信州で江戸時代から300年以上続く銘醸蔵。「蔵」や「菊秀」など日本酒で知られるが、焼酎の歴史も古く、江戸時代にはすでに粕取り焼酎を造っていた。昭和50年からは本格そば焼酎「峠」を発売。シリーズとしてさまざまなラインナップを揃え、「峠35°」はその代表格である。

当醸造所のおもなラインナップ

峠《とうげ》クリスタルオールド40°
720㎖ 2888円/40%/そば/米麹(黄)/常圧
「峠」を樫樽で3年以上熟成。芳醇な香りと深いコク、なめらかな舌触りの極上品。

リッチ	シンプル □□□■□□□--- 複雑		
ストレート○	ロック◎	水割り○	お湯割り○

飯綱《いいづな》の風《かぜ》
720㎖ 1575円/25%/そば/米麹(黄)/常圧
飯綱高原のそばと水を使い、橘倉酒造の技術によって生み出された、長野県の地域認定焼酎。

ライト	シンプル □□■□□□□--- 複雑		
ストレート○	ロック○	水割り◎	お湯割り◎

日本《にほん》の峠《とうげ》シリーズ
720㎖ 1500円/25%以上26%未満/そば/米麹（黄）/常圧
日本の代表的な峠をテーマに、平成22年から発売。第1弾は「韮ヶ峠」、第2弾は「旧碓氷峠」。峠の写真と解説が楽しい。

ライト	シンプル □□■□□□□--- 複雑		
ストレート○	ロック○	水割り○	お湯割り○

雲海酒造（株）
📞0985-23-7896
宮崎県宮崎市栄町45-1
昭和42年（1967）創業

そば雲海黒麹《そばうんかいくろこうじ》

宮崎県　そば

そば焼酎をより豊かにする新たな魅力の黒麹仕込み

希望小売価格　900mℓ 968円　1.8ℓ 1872円

度数………25%
原料………そば
麹菌……… 麦麹（黒）
蒸留方式… 減圧

この銘酒の原点となる「そば雲海」と同様に、九州山地の良水を使い、しかし白麹を黒麹に変えて、すっきりしながらコクがあるのが特徴。飲みやすくも味わいある新製品だ。ロック、水割りで飲めば、この酒の魅力が実感できる。

ライト	シンプル □■□□□□□――― 複雑		
ストレート○	ロック◎	水割り◎	お湯割り○

雲海酒造が全国的に飛躍したのは、昭和48年、日本初のそばを原料にした焼酎の開発だった。今では県内外に7つの蔵を抱え、さまざまな酒造りを手がけるが、発祥の地にある五ヶ瀬蔵で造り続ける「そば雲海」は特別な存在。「そば雲海黒麹」はその名声をさらに高める一品だ。

当醸造所のおもなラインナップ

そば雲海《うんかい》

900mℓ 989円　1.8ℓ 1935円/25%/そば/麦麹（白）/減圧

当蔵の代名詞的な存在で、クセが少なく口当たりのよさが持ち味だ。昭和48年の発売以来親しまれてきた、大ロングセラー商品である。

ライト	シンプル □■□□□□□――― 複雑		
ストレート○	ロック◎	水割り◎	お湯割り○

吉兆雲海《きっちょううんかい》

900mℓ 989円　1.8ℓ 1935円/25%/そば、米/麦麹（黒）/減圧

原料のそばや黒麹と相性が良いという、日向灘から採取し独自に開発した酵母「日向灘黒潮酵母」を使い、じっくりと熟成。香り深く口当たりまろやか。

ライト	シンプル □□□■□□□――― 複雑		
ストレート○	ロック◎	水割り◎	お湯割り○

そばてんしょうじゅくせい

そば天照熟成

そば　宮崎県

神楽酒造（株）
☎0982-76-1111
宮崎県西臼杵郡高千穂町大字岩戸144-1
昭和29年（1954）創業

神話の里に生まれたそばの名品
熟成で米、麦にない独特な味わいが

希望小売価格　900mℓ 999円　1.8ℓ 1945円

度数………25%
原料………そば、麦
麹菌………米麹（白）
蒸留方式…減圧

低温で蒸留可能な減圧蒸留を行うことで、そば本来の香りと旨味を引き出し、さらに貯蔵熟成によって、まろやかさが醸し出される。喉越しもいい。

ライト	シンプル ■□□□□□□---- 複雑		
ストレート◎	ロック◎	水割り○	お湯割り○

天孫降臨伝説がある神話の里・高千穂《たかちほ》の地で創業。平成21年に西都市で業界最新鋭の工場を稼働、国内だけでなく海外にまで支店網を展開する焼酎の代表メーカーの一つである。米焼酎を皮切りに、麦焼酎や芋焼酎なども造るが、味、知名度ともに蔵元を代表する銘柄として知られるのが、天照大神の名を冠した「そば天照」だ。

この代表銘柄は、天然伏流水で仕込み、減圧蒸留でじっくりと仕上げた原酒を熟成貯蔵。澄んだ甘い香りをほのかに漂わせながら、すっきりと口当たりがいいのが特徴。ストレート、ロックで飲むのもいいが、そば湯割りにするとより深みのある味わいが楽しめる。

本格焼酎浦霞《ほんかくしょうちゅううらがすみ》

（株）佐浦
☎022-362-4165
宮城県塩釜市本町2-19
享保9年（1724）創業

宮城県　酒粕

原料は搾りたての酒粕
純米吟醸酒から生まれる焼酎

希望小売価格　500mℓ 1680円

度数………25%
原料………清酒粕（浦霞禅）
麹菌………なし
蒸留方式…減圧

米の香りや旨味を凝縮したような豊かな風味を残しながら、さらりとした口当たりで、すっと飲める。ストレートやロックがお勧めだが、好みによっては水割りもいける。

フレーバー	シンプル □□□■□□□--- 複雑		
ストレート◎	ロック◎	水割り○	お湯割り○

「浦霞」といえば、宮城の銘酒としてあまりにも有名。蔵元は江戸時代中期創業の老舗だ。この伝統の銘酒の「楽しみ方の幅を広げたい」という思いから発想されたのが清酒粕焼酎「本格焼酎浦霞」。誕生したのは平成19年のことである。

清酒と変わらぬ「浦霞らしさを表現したい」とのこだわりから、原料は純米吟醸酒「浦霞禅」の酒粕のみを使用。酒粕ができた時点ですぐに蒸留作業に入るが、これは時間が経つと特有の香味が生まれることから、その香味を焼酎に反映させないため。さらに、蒸留してできた原酒の香りのよい部分のみを使っているのも、おいしい焼酎を世に出したいという願いからだ。

吟香露《ぎんこうろ》

酒粕　福岡県

(株) 杜の蔵
℡0942-64-3001
福岡県久留米市三潴町玉満2773
明治31 年 (1898) 創業

「独楽蔵」の蔵元が手がける洗練された酒粕焼酎

希望小売価格　720mℓ 1180円　1.8ℓ 2360円（税別）

度数………20%
原料………吟醸酒粕
麹菌………なし
蒸留方式…減圧

豊かな吟醸香とすっきりした口当たりは、吟醸酒粕ならでは。独自の製法が、昔の粕取焼酎に特有の強い匂いを変え、上品な味わいを生み出す。オンザロックがお勧め。

フレーバー	シンプル □□■□□□□--- 複雑		
ストレート○	ロック◎	水割り◎	お湯割り△

筑紫平野の三瀦《みづま》といえば、よく知られた酒どころ。日本酒のすべてを純米酒にしたという杜の蔵は、有名な清酒「独楽蔵」の蔵元だが、九州らしくさまざまな焼酎も造っている。なかでも創業期から続く、酒粕焼酎は清酒とともに蔵の歴史を支えてきた商品だ。純米酒へのこだわりと、焼酎造りの技術がうまく絡み合って生まれたのが、その名も「吟香露」。

かつて福岡県は、旨い酒粕焼酎の本場だった。その伝統を受け継いでいる数少ない銘柄の一つといわれるのがこの「吟香露」だ。純米吟醸酒の酒粕を原料に、ほかの粕取焼酎とは一線を画した、洗練された味わいを醸し出している。

辛蒸《からもし》

鹿児島県　酒粕

田苑酒造（株）
☎0996-38-0345
鹿児島県薩摩川内市樋脇町塔之原11356-1
明治23年（1890）創業

蔵から発見された秘伝書で元禄時代の酒粕焼酎を再現

希望小売価格　720mℓ 1365円

度数………25%
原料………酒粕
麹菌………なし
蒸留方式…減圧

昔の蔵人に「風味シャンとして足強く候」と表現された、力強い味わいとスッキリとした後味が特徴。吟醸酒のように香りの高さもある。

フレーバー	シンプル □□■□□□□−−− 複雑		
ストレート○	ロック◎	水割り◎	お湯割り○

明治23年に塚田酒造場として創業し、昭和54年に田苑酒造を設立。焼酎にクラシック音楽を聴かせた製造方法など、常に新しい試みに挑戦し続けるこの蔵元の真骨頂といえるのが「元禄の焼酎」と銘打って発売した酒粕焼酎「辛蒸」だ。

鹿児島では地酒（清酒）が廃れ、酒粕を原料とする焼酎も一時姿を消したが、蔵の奥から発見された秘伝書「酒作方要用書留帳」の技法を用い、元禄時代に飲まれていた焼酎を再現したのがこれ。今までの粕取焼酎の製法とは違う技法で発酵・蒸留して造り上げるのが特徴だ。ロック、水割りもいいが、5割のお湯割りで40℃前後で飲むと、一段とこの酒の良さが分る。

天心《てんしん》

清酒　宮崎県

落合酒造場
☎0985-55-3207
宮崎県宮崎市大字鏡洲字前田1626
明治42年（1909）創業

純米酒の旨さに深みを加え キリリとした味わいが口中をくすぐる

希望小売価格　720mℓ 1500円

度数……… 25%
原料……… 純米酒
麹菌……… 米（白）
蒸留方式… 減圧

香りのいい純米酒をキリリとした味わいに昇華させた。ロック、お湯割りで飲むのがお勧めだ。購入は東京都練馬区の窪田屋商店（03-3922-3416）へ。

ライト	シンプル □□■□□□□--- 複雑		
ストレート○	ロック◎	水割り○	お湯割り◎

蔵元は、宮崎市南郊外の素朴な農村風景が広がる盆地の町に、明治時代に創業。周囲の山を源にして、蔵の近くを流れる鏡洲《かがみず》川《がわ》の伏流水を仕込み水に使った、芋焼酎の「加江田」「鏡洲」や麦焼酎の「風の梟」などで知られる。その長年の酒造りの技を生かして、新たな商品として生み出したのがこの「天心」だ。

しっかりと造られた純米酒と米麹を使用して全量を甕《かめ》で仕込み、さらにホーロータンクで4年間貯蔵。手間を掛けることで、純米酒の芳醇な香りを伝えながらも、キレのある味わいの焼酎ができあがった。日本酒ファンにも受け入れられる、懐の深い一品である。

清里セレクション《きよさとせれくしょん》

北海道　じゃがいも

じゃがいもが華麗に変身
町営蒸溜所で生まれる極上品

希望小売価格　750㎖ 4100円

度数………44%
原料………じゃがいも
麹菌……… 麦麹（白）
蒸留方式… 常圧

吟味した原酒を5年間貯蔵熟成。当蔵のじゃがいも焼酎の中でも突出した、まさにセレクション。「小さなグラスでチビチビと」がお勧め。

キャラクター	シンプル □□□□■□□--- 複雑		
ストレート◎	ロック◎	水割り◯	お湯割り◯

日本最北にして最初にじゃがいも焼酎を開発・発売した焼酎蔵。珍しい町営の蒸留所だ。特産品の活用を目的に生まれたものだが、洗練された風味で人気となった。主原料はもちろん地元産じゃがいも。麹も地場の大麦を使い、清里町の誇る名産品となっている。

現在10銘柄を商品化しているが、その頂点に立つのが「清里セレクション」。5年間貯蔵熟成させた逸品で、雑味がなくすっきりとした口当たりは清涼感を感じさせ、芋とは思えない味わいだ。ちなみに清里町の農作物作付面積はじゃがいもよりも麦の方が多い。蔵元では近年、その麦を原料に新たに麦焼酎を売り出している。

清里町焼酎醸造事業所
℡0152-25-2227
北海道斜里郡清里町羽衣町62-1
昭和50年（1975）創業

当醸造所のおもなラインナップ

北緯《ほくい》44度《ど》

希望小売価格　720mℓ 2620円

度数…44%　原料…じゃがいも
麹菌…麦麹（白）　蒸留方式…常圧

キャラクター	シンプル □□□□■□□--- 複雑		
ストレート◎	ロック◎	水割り○	お湯割り○

アルコール度数と地域の緯度からの命名で、清里セレクションに並ぶ当蔵の自信作。3年ほどの貯蔵熟成により、まろやかな口当たりの一品に。口中で転がしながら味わえば、旨さが際立つ。

浪《ろ》漫《まん》倶《く》楽《ら》部《ぶ》

希望小売価格　720mℓ 1190円

度数…25%　原料…じゃがいも
麹菌…米麹（白）　蒸留方式…常圧

キャラクター	シンプル □□□□□□■--- 複雑		
ストレート○	ロック◎	水割り◎	お湯割り○

北米産ホワイトオークの樽で貯蔵熟成。琥珀色と樽の芳香は、まるでウイスキーのような味わいだ。

きよさと

希望小売価格　720mℓ 1060円

度数…25%　原料…じゃがいも
麹菌…麦麹（白）　蒸留方式…常圧

ライト	シンプル □■□□□□□--- 複雑		
ストレート○	ロック○	水割り◎	お湯割り◎

昭和54年に発売された元祖じゃがいも焼酎。シンプルに味わえて、6:4のお湯割りがお勧め。

摩周《ましゅう》の雫《しずく》

希望小売価格　720mℓ 960円

度数…20%　原料…じゃがいも
麹菌…麦麹（白）　蒸留方式…常圧

ライト	シンプル □□□□■□□--- 複雑		
ストレート○	ロック◎	水割り◎	お湯割り○

2009年秋に登場。木樽で貯蔵熟成のじゃがいも焼酎50%ブレンドのライトタイプで、優しい香り。ロック、水割りで。

古丹波《こたんば》

兵庫県　栗

（株）西山酒造場
℡0795-86-0331
兵庫県丹波市市島町中竹田1171
嘉永2年（1849）創業

栗の名産地、丹波の誇る老舗酒蔵の個性派焼酎

希望小売価格　720㎖ 1200円　1.8ℓ 2100円

度数………25%
原料………米、栗
麹菌………米麹（黄）
蒸留方式…減圧

清酒蔵元だけに、日本酒で使われる黄麹で仕込むが、これが栗ならではのふわっとした香りと甘味を引き出す。さらに竹炭濾過が、まろやかさを生んでいるのも特徴の一つだ。原料になる栗は、厳選された丹波栗などの国内産のみを使用している。

フレーバー	シンプル □□■□□□□--- 複雑		
ストレート○	ロック◎	水割り◎	お湯割り○

丹波《たんば》の清酒「小鼓《こつづみ》」の蔵元。古くから文人墨客に親しまれ、近年は新発想の酒造りにも取り組んでいる。さまざまな穀類や果実を使った酒は、いずれもしゃれた雰囲気で個性的。なかでも「古丹波」に代表される栗焼酎は全国的にも珍しく、独特な旨味もあって人気が高い。

当醸造所のおもなラインナップ

深山美栗《みやまみくり》プレミアム

1.8ℓ 3675円/33～34%/栗、米/米麹（黄）/減圧

最高級の丹波の栗を使った原酒を、JR福知山線の旧トンネルの中で10年間も貯蔵熟成。鉄道トンネル焼酎とも呼ばれる。すぐ横に穿たれた新トンネルを走る電車の振動と、年間を通して10度前後の安定した温度が熟成を助け、栗の甘味がより濃厚になるという。ストレート、ロックでまずはその旨さを楽しみたい。

キャラクター	シンプル □□□□□■□--- 複雑		
ストレート◎	ロック◎	水割り○	お湯割り△

紅乙女25 720角《べにおとめにじゅうご ななひゃくにじゅうかく》

（株）紅乙女酒造
☎0943-72-3939
福岡県久留米市田主丸町田主丸732
元禄12年（1699）創業

胡麻　福岡県

洋酒のように味わい深い胡麻の風味豊かな逸品

紅乙女酒造の設立は昭和53年だが、前身は江戸時代中期創業の若竹屋酒造場という超老舗。代表銘柄の胡麻祥酎《ごましょうちゅう》「紅乙女」は、「ブランデーやウイスキーに負けない味わい深い酒を」との願いから生み出された。胡麻を隠し味に用い、焼酎特有の臭みが消え、まろやかさと香り高さを実現した。

希望小売価格　720mℓ 1575円

度数………25%
原料………麦、胡麻（20%以上）
麹菌………米麹（白）
蒸留方式…減圧

低温発酵・低温蒸留で醸しており、ほのかな胡麻の香りがさわやかに鼻を抜ける。この「720角」は胡麻の風味をより引き出しているのが特徴だ。ちなみに、焼酎でなく"祥酎"と名乗るが、「祥」は「おめでたいしるし」の意味を持ち、うれしい時、おめでたい時に、一層の幸福を運ぶお酒でありたいという思いが込められている。

キャラクター	シンプル □□■□□□□――― 複雑		
ストレート○	ロック○	水割り◎	お湯割り○

当醸造所のおもなラインナップ

紅乙女《べにおとめ》25 720丸《まる》

720m 1000円/35%/麦、胡麻（10%以上）/米麹（白）/減圧

胡麻の比率を10%に抑え、さりげなく胡麻の風味を漂わせることで、より飲みやすいものに仕上げている。蔵元の名を高めた定番の「紅乙女」（1.8L 2287円）もこれと同じ造りだ。

キャラクター	シンプル □□■□□□□――― 複雑		
ストレート○	ロック◎	水割り◎	お湯割り○

鍛高譚《たんたかたん》

東京都　シソ

オエノングループ 合同酒精（株）
℡03-3575-2787（お客様センター）
東京都中央区銀座6-2-10
大正13年（1924）設立

清々しい香りを実現し
女性ファンの評価が高い

希望小売価格　300ml 461円　720ml 907円　1.8l 1977円

度数………20%
原料………シソ、デーツ（ナツメヤシ）、甲類焼酎
麹菌………非公開
蒸留方式…非公開

焼酎特有の臭みがなく、さわやかなシソの香りが口に広がる。飲みやすく飽きのこない味だ。

フレーバー	シンプル □■□□□□□ 複雑		
ストレート○	ロック◎	水割り◎	お湯割り△

大正13年に北海道内の焼酎メーカー4社が合併し合同酒精を設立。その後、清酒蔵元などを子会社化し、平成15年に持株会社となり、オエノンホールディングスに名称変更する。合同酒精はこれまでの事業をそのまま引き継ぎ、オエノングループ13社の一員として現在に至っている。

代表銘柄「鍛高譚」は、北海道の大雪山《たいせつざん》の清冽な水を仕込み水に、白糠町《しらぬかちょう》鍛高《たんたか》地区特産のシソを使用した変り種焼酎。シソの優しく清々しい香りと、抜群の口当たりが、女性を中心に幅広い世代の人気を集めている。ストレート、ロックはもとより、ソーダやウーロン茶、オレンジジュースなどで割っても美味。

朱の音《あかのね》

人参　福岡県

研醸（株）
☎0942-77-3881
福岡県三井郡大刀洗町大字栄田1089
昭和58年（1983）創業

筑後川流域の人参畑から生まれる ヘルシーで風味豊かな根菜焼酎

希望小売価格　720mℓ 1532円　1.8ℓ 2205円

度数………25%
原料………人参、米
麹菌………米麹（白）
蒸留方式…常圧

「朱の音」とは、発酵中の人参の赤色をした泡がふつふつと弾ける音からの命名。人参とは思えない甘味と、奥行きのあるコク、旨味が楽しめる。

フレーバー	シンプル ■■■□□□□ 複雑		
ストレート◎	ロック◎	水割り○	お湯割り○

酒どころ・筑後川流域にある清酒「三井《みい》の寿《ことぶき》」と「庭のうぐいす」の2つの蔵元が共同出資し、人参《にんじん》焼酎の開発などを目的に立ち上げた異色の焼酎蔵。現在では人気の麦焼酎、米焼酎、リキュールなども造るが、原点となるのは人参焼酎。その代表銘柄が「朱の音」である。

地元で栽培した人参を使い、素材の豊富な栄養を活かし酵母を活性化、良質のもろみを常圧蒸留にて生み出されたもの。さらに1年以上をかけてじっくりと貯蔵熟成。人参の香りというよりも、どこかフルーツのような甘さを思わせる味わいだが、この熟成によって変化するのだという。ストレート、ロック、お湯割りともお勧め。

ねりま大根焼酎《ねりまだいこんしょうちゅう》

落合酒造場
☎0985-55-3207
宮崎県宮崎市大字鏡洲字前田1626
明治42年（1909）創業

宮崎県　大根

町おこしに一役買った
意外性のある焼酎を生み出す

希望小売価格　720㎖ 1500円

度数………25％
原料………練馬大根、麦
麹菌………米（白）
蒸留方式…減圧

練馬大根の旨味と辛さが、喉越しがよくまろやかに仕上げてられており、一味違う味わいが楽しめる。購入は練馬区の窪田屋商店（03-3922-3416）へ。

ライト	シンプル □■□□□□□--- 複雑		
ストレート○	ロック◎	水割り○	お湯割り◎

宮崎の老舗蔵元で、芋焼酎や米焼酎など数々の商品を生み出してきたが、近年はさらにユニークな素材を駆使、多彩な焼酎造りに挑戦することで評判を呼んでいる。その筆頭株といわれるのが「ねりま大根焼酎」である。かつて一世を風靡した練馬大根の名産地として知られた東京練馬区で、往時の盛名を焼酎として後世に残したいと、地元の酒店が描いた夢を、実現させたのがこの蔵元だ。

練馬大根の旨味と辛さを引き出すために、一次二次とも全量甕《かめ》に仕込んで低温蒸留で仕上げた。ロックも飲みやすいが、お湯割りにすると大根の香りがより一層引き立つ。まさに話題性あふれた焼酎である。

泡盛

Awamori

泡盛の基礎知識

焼酎の原点であり古酒の源流でもある

泡盛は1470年頃に琉球（現在の沖縄県）で造られるようになったと考えられている。それ以前の琉球では、シャム（現在のタイ）との交易で取り入れられたラオロンという蒸留酒が飲まれていたが、15世紀後半にシャムとの交易が減少すると、独自の蒸留酒である泡盛を造るようになったといわれる。

琉球が王国だった当時の泡盛は、庶民の酒ではなく宮廷酒であり、王府公認の首里三箇《しゅりさんか》（鳥小堀《とうんじゅむい》、赤田《あかた》、崎山《さちやま》の3つの村）でしか製造が許されなかったという。しかし、明治9年から民営自営化が許され、そこから県内一円に広がっていった。原料は明治時代までは地元の米や粟が主流だったようだが、以降はタイ米が主流となり、製法も今日のような全麹仕込み（32頁参照）が一般的になっていった。

ところで泡盛の大きな特徴の一つは黒麹菌を使うことである。これは黒麹菌が雑菌繁殖を抑えるクエン酸生成力が強いためだ。このおかげで常夏の島でも腐造の危険性を低く保てるのである。さらに特筆されるのが「クース」と呼ぶ古酒の存在。近年は焼酎にも熟成して出荷する銘柄が少なくないが、原酒を甕《かめ》で長期貯蔵して熟成させ、より芳醇でまろやかな味わいにするという発想は泡盛が起源である。

瑞泉青龍《ずいせんせいりゅう》

泡盛　沖縄県

瑞泉酒造（株）
☎098-884-1968
沖縄県那覇市首里崎山町1-35（本島）
明治20年（1887）創業

深いコクと香り、上品な甘味 老舗蔵元が醸す伝統古酒

希望小売価格　720mℓ 1344円　1.8ℓ 2310円

度数………30%
原料………タイ米
麹菌………米麹（黒）
蒸留方式…常圧

3年以上の古酒のブレンドによる深いコクと香り、まろやかな味わいがある。口に含んだ途端、一斉に広がる上品な甘味も魅力。ストレートからお湯割りまで、どんな飲み方にも合う万能型だ。

リッチ	シンプル -----□□□■□□ 複雑		
ストレート○	ロック◎	水割り○	お湯割り◎

明治20年に創業した首里城下にある老舗蔵元。「瑞泉」の名は、首里城ほとりの湧き水にあやかった。伝統の古酒造りに力を注ぎつつ、新製品の開発も積極的に行っている。代表銘柄「瑞泉青龍」は、長期熟成された古酒を用い、杜氏独自のブレンドで造られた一品で、国内外問わず評価が高い。

当醸造所のおもなラインナップ

瑞泉古酒《ずいせんくーす》

1.8ℓ 2982円/43%/タイ米/米麹（黒）/常圧

甕貯蔵で長期にわたって静かに熟成された古酒。食中酒として好まれるが、特に牛肉料理に合う泡盛として人気が高い。

キャラクター	シンプル -----□□□□■□ 複雑		
ストレート○	ロック◎	水割り○	お湯割り△

瑞泉《ずいせん》御《う》酒《さき》

720mℓ 2699円/43%/タイ米/米麹（黒）/常圧

沖縄地上戦で壊滅したと思われていた戦前の黒麹菌が東京大学に保存されていることが判明。その黒麹を復活させて仕込んだ、唯一の泡盛がこれ。新酒ながらフルーティーな香り、まろやかさに富み、飲み口もさわやか。

リッチ	シンプル -----□□□□■□ 複雑		
ストレート○	ロック◎	水割り○	お湯割り△

咲元《さきもと》

沖縄県　泡盛

咲元酒造（資）
☎098-884-1401
沖縄県那覇市首里鳥掘町1-25（本島）
明治34年（1901）創業

低温仕込みでゆっくり熟成
由緒ある蔵元が造る芳醇な味わい

泡盛製造の聖地といわれる首里《しゅり》の地で、創業以来続く蔵元。創業者佐久本氏の名をもじって名付けられた社名と同じ銘柄の「咲元」は、低温仕込みでもろみを長期熟成させることで、豊かな香りと風味を実現。一般酒のほか、古酒があり、いずれも泡盛ファンの間で人気が高い。

希望小売価格　600mℓ 840円　720mℓ 1200円　1.8ℓ 2000円

度数………30%
原料………タイ米
麹菌………米麹（黒）
蒸留方式…常圧

100年以上も受け継がれてきた濃厚な味わいを受け継ぐ。若干辛口だが後味がスッキリしており、昔風な泡盛を求める通に好まれている。ロックが美味しい。

リッチ	シンプル -----□□■□□□ 複雑		
ストレート○	ロック◎	水割り○	お湯割り○

当醸造所のおもなラインナップ

咲元古酒《さきもとくーす》25度

720mℓ 1650円/25%/タイ米/米麹（黒）/常圧

8年古酒を50%ブレンドしており、飲み口が良くマイルドな仕上がり。女性にもお勧めしたい。

キャラクター	シンプル -----□□■□□□ 複雑		
ストレート○	ロック◎	水割り○	お湯割り◎

咲元古酒《さきもとくーす》40度

720mℓ 2600円/40%/タイ米/米麹（黒）/常圧

8年古酒。優しく品の良い香りと芳醇な味わい。県内外で数々の賞を受賞している。

キャラクター	シンプル -----□□□□■□ 複雑		
ストレート○	ロック◎	水割り○	お湯割り△

古酒暖流《くーすだんりゅう》

泡盛　沖縄県

(有)神村酒造
098-964-7628
沖縄県うるま市石川嘉手苅570(本島)
明治15年(1882)創業

ウイスキー製法をヒントに生まれた樽の風味と深いコクが魅力

希望小売価格　720㎖ 1838円　1.8ℓ 3150円

度数………30%
原料………タイ米
麹菌………米麹(黒)
蒸留方式…常圧

モンドセレクション3年連続金賞、ワイン&スピリッツコンペティション銀賞受賞、など、世界的評価も高い。オーク樽の甘い風味と古酒の豊かなコク、ほど良い飲み応えを兼ね備える。ロックだけでなく炭酸割りもお勧めと、飲み方も新境地泡盛にふさわしい。

キャラクター	シンプル ----□□□■□□ 複雑		
ストレート○	ロック◎	水割り○	お湯割り○

一世紀以上の歴史を持ち、老麹《ひねこうじ》造り、常圧蒸留、原酒造り、樽貯蔵にこだわる蔵元。創業時の那覇市からうるま市に移設した。「古酒暖流」は、オーク樽貯蔵の古酒とタンク貯蔵の古酒のブレンドで、ウイスキー製法をヒントに誕生。樽貯蔵の先駆けとして、泡盛業界で新境地を拓いた。

当醸造所のおもなラインナップ

守禮《しゅれい》

720㎖ 1155円　1.8ℓ 2310円/30%/タイ米/米麹(黒)/常圧

割り水にこだわり、伝統的な常圧蒸留で仕上げた飲み飽きしない泡盛。さわやかな香り、コシのある味わいで、水割りがお勧めだ。

リッチ	シンプル ----□□■□□□ 複雑		
ストレート○	ロック◎	水割り◎	お湯割り○

かりゆし《かりゆし》

沖縄県　泡盛

(名)新里酒造
☎098-939-5050
沖縄県沖縄市字古謝864-1(本島)
弘化3年(1846)創業

沖縄最古の名門蔵元の自信作
ブレンド技術を駆使した旨い酒

希望小売価格　1.8ℓ 2047円

度数………30%
原料………タイ米
麹菌………米麹(黒)
蒸留方式…常圧・減圧

「かりゆし」は沖縄の方言で、めでたいことの意味。さわやかな飲み口だが、コクと甘さがあり、幅広い世代に人気がある。

リッチ	シンプル ----□□■□□□ 複雑		
ストレート○	ロック◎	水割り○	お湯割り○

かつて琉球王朝時代に泡盛製造を許されていたのは、首里三箇《しゅりさんか》と呼ばれる3つのエリアのみだった。その聖地ともいえる場所で創業し、現存する泡盛酒造所としては最古の歴史を持つ蔵元。昭和63年に現在地に移転するが、時を同じくして酒造研究者でもある六代目当主の新里修一氏が、画期的な「泡なし酵母」の分離に成功し実用化。泡盛の生産量を飛躍的に向上させた。

多くの評判を呼ぶ銘柄を発表しているが、当蔵を代表するのが「かりゆし」。コクのある常圧蒸留の原酒とスッキリとした減圧蒸留の原酒をブレンドしたもので、格別な飲みやすさから不動の人気を誇っている。鑑評会などの各種コンクール受賞の常連だ。

長期熟成古酒《ちょうきじゅくせいこしゅ》くら

ヘリオス酒造（株）
☎0980-52-3372
沖縄県名護市字許田405（本島）
昭和36年（1961）創業

泡盛　沖縄県

創業以来の樽熟成技術が造った琥珀色のロングセラー泡盛

希望小売価格　720㎖ 1260円　1.8ℓ 2365円

度数………25%
原料………タイ米
麹菌………米麹（黒）
蒸留方式…非公開

泡盛は透明であるとのそれまでの常識を覆した一品。樹齢70～100年の樫樽長期熟成による琥珀色の輝き、芳醇な香り、まろやかな口当たりと、すっきりした後味が特徴。

キャラクター	シンプル ----□■□□□□ 複雑		
ストレート○	ロック◎	水割り○	お湯割り△

さとうきびからラムを製造する醸造所として創業。そのラム製造で培った樽熟成技術とブレンド技術を駆使して誕生したのが、琥珀色の「長期熟成古酒くら」。さらに、より熟成を促すといわれる銅製蒸留機の導入や沖縄の土にこだわった自社窯での甕《かめ》造りにより数々の泡盛を生み出している。

当醸造所のおもなラインナップ

主《ぬーし》三年《さんねん》古酒《こしゅ》

720㎖ 1942円/30%/タイ米/米麹（黒）/蒸留方式非公開

深いコク、まろやかで力強い味わいの甕貯蔵長期熟成古酒。一家の主が飲むにふさわしい酒である、との意味から命名。

リッチ	シンプル ----□□■□□□ 複雑		
ストレート○	ロック◎	水割り○	お湯割り△

淡麗《たんれい》琉球《りゅうきゅう》美人《びじん》

720㎖ 1092円/25%/タイ米/米麹（黒）/蒸留方式非公開

「和食に合う酒」をコンセプトに誕生。繊細な飲み口と、吟醸酒のような香りが特徴。

リッチ	シンプル ----■□□□□□ 複雑		
ストレート○	ロック◎	水割り◎	お湯割り△

轟《とどろき》

600㎖ 829円/25%/タイ米/米麹(黒)/蒸留方式非公開

蔵元がある名護市の名勝・轟の滝から命名。通常の一般酒より長く寝かせることで、丸みを帯びたまろやかな味わいに。

リッチ	シンプル ----□■□□□□ 複雑		
ストレート○	ロック◎	水割り◎	お湯割り○

まつふじげんていくーす

松藤限定古酒

崎山酒造廠
☎098-968-2417
沖縄県国頭郡金武町字伊芸751（本島）
明治38年（1905）創業

沖縄県　泡盛

三日麹と軟水が織りなす まろやかで力強い風味が印象的

希望小売価格　500㎖ 3360円

度数………43%
原料………タイ米
麹菌………米麹
蒸留方式…常圧

3年以上の貯蔵酒と、1年以上の貯蔵酒をブレンドしたもので、濃厚な風味が鼻腔を快くすぐる。味わいを堪能するにはロックかストレートがお勧め。

キャラクター	シンプル －－－－－□□□□■□ 複雑		
ストレート◎	ロック◎	水割り○	お湯割り△

蔵元は、泡盛の三大聖地の一つ首里《しゅり》の赤田《あかた》で創業した沖縄屈指の老舗。二代目夫妻の名を一文字ずつとった「松藤」が代表銘柄で、なかでもこの「松藤限定古酒」は全国酒類コンクールで数度、最高賞を受賞した自信作。3日間をかけて育てる老麹《ひねこうじ》と、恩納岳《おんなだけ》の名水で仕込むことで味わいは豊潤。

当醸造所のおもなラインナップ

赤《あか》の松藤《まつふじ》黒糖《こくとう》酵母《こうぼ》仕込《しこ》み

720㎖ 1260円　1.8ℓ 2289円/30%/タイ米/米麹（黒）/常圧

黒糖酵母を使用することで、泡盛でありながら、ほのかに黒糖の香りが鼻をくすぐる。甘さがおいしい、女性にもお勧めの泡盛だ。

リッチ	シンプル －－－－－□□■□□□ 複雑		
ストレート○	ロック◎	水割り○	お湯割り△

粗濾過《あらろか》松藤《まつふじ》

720㎖ 2000円/44%/タイ米/米麹（黒）/常圧

ほとんど濾過せず水、麹、米の味が余すところなく生かされており、素材が互いに邪魔せず、調和しているのが魅力。

キャラクター	シンプル －－－－－□□□□■□ 複雑		
ストレート○	ロック◎	水割り△	お湯割り△

30度《ど》古酒《くーす》松藤《まつふじ》

720㎖ 2400円/30%/タイ米/米麹（黒）/常圧

古酒らしさを実感できる風味に満ち、数々の賞を受賞した一品。

キャラクター	シンプル －－－－－□□□■□□ 複雑		
ストレート○	ロック◎	水割り○	お湯割り○

残波ホワイト《ざんぱほわいと》

泡盛　沖縄県

比嘉酒造（有）
☎098-958-2205
沖縄県中頭郡読谷村字長浜1061（本島）
昭和23年（1948）創業

女性ファンを惹き付ける海のような優しさと透明感

希望小売価格　720㎖ 1400円（税別）

度数………25%
原料………タイ米
麹菌………米麹（黒）
蒸留方式…減圧

数々の賞に輝く人気銘柄。「ザンシロ」の愛称で親しまれている。ストレートやロック、水割りなど、どんな飲み方でも楽しめる。

リッチ	シンプル -----■□□□□□ 複雑		
ストレート○	ロック◎	水割り◎	お湯割り○

残波岬近くにある酒造所。女性や泡盛が苦手な人にも美味しく飲んでもらえるようにと、オリジナルの蒸留機を開発、主力ブランドの「残波ホワイト」を生み出した。フルーティーで透明感のある味わいは、モンドセレクション金賞を今なお受賞継続中。世界が認めた名品だ。

当醸造所のおもなラインナップ

残波《ざんぱ》ブラック30度《ど》

720㎖ 1070円（税別）/30%/タイ米/米麹（黒）/減圧

通称「ザンクロ」。香りとコクのバランスが良く、飽きが来ない。

リッチ	シンプル -----□■□□□□ 複雑		
ストレート○	ロック◎	水割り◎	お湯割り○

海《うみ》の彩《いろ》30度《ど》5年古酒《ねんくーす》

720㎖ 2200円（税別）/30%/タイ米/米麹（黒）/常圧

5年古酒100%。長期熟成ならではの濃厚なコクがある。贈答品としても人気。

キャラクター	シンプル -----□□■□□□ 複雑		
ストレート○	ロック◎	水割り◎	お湯割り○

海《うみ》の彩《いろ》35度《ど》5年古酒《ねんくーす》

720㎖ 2300円（税別）/35%/タイ米/米麹（黒）/常圧

「海の彩30度」をさらに越え、芳醇な味わいとフルーティーな香りが際立つ。

キャラクター	シンプル -----□□□■□□ 複雑		
ストレート○	ロック◎	水割り◎	お湯割り○

一本松《いっぽんまつ》

沖縄県　泡盛

北谷長老酒造
☎098-936-1239
沖縄県中頭郡北谷町字吉原63（本島）
明治27年（1894）創業

初心者も“通”もうならせる限定生産で造る納得の銘酒

希望小売価格 720㎖ 800円 1.8ℓ 1500円（県外価格）

度数………30%
原料………タイ米
麹菌………米麹（黒）
蒸留方式…常圧

華やかでソフトな香り、軽快でキレのある喉越し、まろやかな口当たりは、泡盛初心者から通まで、幅広い層にお勧め。庶民的な銘柄として地元でも根強い人気を誇る。

リッチ	シンプル ー－－－□■□□□□ 複雑		
ストレート○	ロック◎	水割り○	お湯割り○

当醸造所のおもなラインナップ

北谷《ちゃたん》長老《ちょうろう》長期《ちょうき》熟成《じゅくせい》古酒《くーす》

720㎖ 2200円/25%/タイ米/米麹（黒）/常圧

南陽紹弘禅師の愛称から命名。当蔵は長く玉那覇酒造工場の社名だったが、この酒が全国的に高い評価を受けていることから、社名を変更したもの。まさに画期的な銘柄だ。豊かな香り、まろやかなコク、甘味のある芳醇な味わいが魅力。度数43%の製品もある。

リッチ	シンプル ー－－－□□■□□□ 複雑		
ストレート○	ロック◎	水割り○	お湯割り○

前身は琉球王朝時代、本家から暖簾分けし北谷《ちゃたん》の地で創業。「よきものづくり」をモットーに、受け継がれた伝統の技で泡盛造りを続ける。代表銘柄「一本松」は、琉球芝居の演目「丘の一本松」から命名。年間生産量を限定し、丁寧に造られる泡盛は、上品な香りと喉越しの良さが特徴だ。

くめじまのくめせんでいご

久米島の久米仙でいご

(株)久米島の久米仙
☎098-985-2276
沖縄県島尻郡久米島町字宇江城2157(久米島)
昭和24年(1949)創業

泡盛　沖縄県

全国的な知名度を誇る飲みやすい泡盛の定番品

久米島に建つ県内最大規模の酒造所。近代的な設備の工場だが、職人による伝統技法も守りつつ、高品質の泡盛を造っている。社名にもなった「久米島の久米仙」は、名水と名高い「堂井《どーが》」の湧き水で仕込んでおり、香りが豊かで味わいもまろやか。泡盛の定番として親しまれている。

希望小売価格　720mℓ 1417円　1.8ℓ 2667円

度数……… 43%
原料……… タイ米
麹菌……… 米麹(黒)
蒸留方式… 常圧

沖縄県優良県産品に認定された人気銘柄。全麹仕込みで造り上げた3年以上の古酒をブレンド。素材の旨味をしっかりと伝え、さわやかな香りと濃厚な飲み口が特徴。

キャラクター	シンプル -----□□□□□■ 複雑		
ストレート○	ロック◎	水割り○	お湯割り△

当醸造所のおもなラインナップ

久米島《くめじま》の久米仙《くめせん》

1.8ℓ 1953円/30%/タイ米、/米麹(黒)/常圧

数々の受賞歴に輝く名酒。飲みやすく、沖縄県でいちばん飲まれている銘柄だ。飲み方もオールマイティに楽しめる。

リッチ	シンプル -----□□□■□□ 複雑		
ストレート○	ロック◎	水割り○	お湯割り○

久米島《くめじま》の久米仙《くめせん》「び」3年古酒《ねんくーす》

720mℓ 1060円/25%/タイ米/米麹(黒)/常圧

3年古酒100%。口当たりはマイルドだが、泡盛の旨味がしっかりしている。

リッチ	シンプル -----□□■□□□ 複雑		
ストレート○	ロック◎	水割り○	お湯割り○

久米島《くめじま》の久米仙《くめせん》ブラウン

720mℓ 1050円/30%/タイ米/米麹(黒)/常圧

味、香り、コクともにさわやか。モンドセレクションなど数々の賞を受賞したベストセラーだ。

リッチ	シンプル -----□■□□□□ 複雑		
ストレート○	ロック◎	水割り○	お湯割り○

常盤5年古酒《ときわごねんくーす》

(資) 伊是名酒造所
☎0980-45-2089
沖縄県島尻郡伊是名村字伊是名736(伊是名島)
昭和24年 (1949) 創業

沖縄県　泡盛

地元で愛され続ける泡盛が長期熟成により深い味わいに

希望小売価格 720mℓ 2625円 1.8ℓ 5250円(県内価格)

度数………40%
原料………タイ米
麹菌………米麹(黒)
蒸留方式…常圧

琉球松のように長く大切に貯蔵された「常盤」の5年古酒100%。豊かな香りと熟成された芳醇な味わいで、どこか風格をさえ感じさせる一品。喉越しもよくストレートで楽しむのがいい。

キャラクター	シンプル −−−−−□□□□■□ 複雑		
ストレート◎	ロック◎	水割り○	お湯割り△

当醸造所のおもなラインナップ

伊是名島《いぜなじま》720

720mℓ 1628円 (県外価格) ／30%／タイ米／米麹 (黒)／常圧

新酒だが、2年間の貯蔵を経て出荷。原料の米の香りがソフトに鼻をくすぐり、軽やかな口当たりが特徴だ。ロック、水割りがお勧め。

リッチ	シンプル −−−−−□■□□□□ 複雑		
ストレート○	ロック◎	水割り◎	お湯割り○

沖縄県北部の本部《もとぶ》半島沖、風光明媚な伊《い》是《ぜ》名《な》島《じま》にある酒造所。地元への貢献にこだわり、「まっすぐに良い酒」を造り続けている。ラベルに地元版画家や書家の作品を起用し、銘柄名も地元に由来。代表銘柄「常盤」は島に群生する琉球松から命名。緑あふれる島で愛され続ける酒にふさわしい。

照島《てるしま》

泡盛　沖縄県

伊平屋酒造所
☎0980-46-2008
沖縄県島尻郡伊平屋村字我喜屋2131-40(伊平屋島)
昭和23年（1948）創業

かつては島民だけが飲む酒だった　その味を守り続ける最北の泡盛

希望小売価格　600mℓ 610円　1.8ℓ 1680円

度数………30%
原料………タイ米
麹菌………米麹（黒）
蒸留方式…常圧

硬水と軟水の中間「上の川（イーヌカー）の天然湧水」とオリジナルの濾過器使用により生まれる、豊かな味わいと芳醇な香りが特徴。

リッチ	シンプル －－－－□□□■□□ 複雑		
ストレート○	ロック◎	水割り◎	お湯割り○

沖縄県の最北端に浮かぶ伊《い》平《へ》屋《や》島《じま》で唯一の酒造所。島民による酒造組合として設立されたもので、首里から職人を迎えて泡盛造りを始めたといわれ、創業以来の変わらぬ味を今も守り続けている。麹の仕込みは機械任せにせず、割り水は天然湧水をタンクで運搬するなど、手間を惜しまない。

代表銘柄の「照島」は、辛口で力強い香りの個性的な味わい。創業当時は島外への出荷が認められなかったため、島民しか手に入らない門外不出の酒だった。その地元に愛される味が、この素朴で力強いものだったのだ。ただし、自由に出荷できる現在でも、島内での消費が70%以上にもなるという。今なお貴重な存在である。

菊之露酒造（株）
☎0980-72-2669
沖縄県宮古島市平良西里290（宮古島）
昭和3年（1928）創業

菊之露

沖縄県　泡盛

宮古島の豊かな自然が育む泡盛らしさを表現した島の酒

希望小売価格　1.8ℓ 1932円

度数………30%
原料………タイ米
麹菌………米麹（黒）
蒸留方式…常圧

泡盛らしさをストレートに表現した若酒。ミネラルを含んだ良質の硬水でもろみを仕込むことで、キレがあり、独特の旨味が生まれる。

リッチ	シンプル -----□□□■□□ 複雑		
ストレート○	ロック○	水割り◎	お湯割り◎

沖縄県の宮古島《みやこじま》にある酒造所。温暖な気候と湿度、ミネラル豊富な硬水という恵まれた自然が、宮古島の泡盛「菊之露」らしい美味しさにつながっている。菊の花びらに朝露を集めて飲ませたら、母の病気が治ったという中国の故事からの命名。長寿の酒という意味合いが込められている。

当醸造所のおもなラインナップ

菊《きく》之《の》露《つゆ》古酒《くーす》VIP《ぶいあいぴぃ》ゴールド

720mℓ 2174円/30%/タイ米/米麹（黒）/常圧

8年以上貯蔵熟成された古酒をベースに、ブレンドすることでより丸みのある風味を実現。沖縄県内で特に人気の高い一品だ。

キャラクター	シンプル -----□□□□■□ 複雑		
ストレート○	ロック◎	水割り◎	お湯割り◎

菊《きく》之《の》露《つゆ》古酒《くーす》サザンバレル

720mℓ 1365円/25%/タイ米/米麹（黒）/常圧

樫樽貯蔵で3年以上熟成させた琥珀色の「菊之露」。樫樽の香り、独特の甘味があり、ロックで味わえば真価が分る。

キャラクター	シンプル -----□□□■□□ 複雑		
ストレート○	ロック◎	水割り◎	お湯割り○

菊《きく》之《の》露《つゆ》宴《えん》

720mℓ 1050円/25%/タイ米/米麹（黒）/常圧

古酒の一歩手前の2年貯蔵酒。油香を取り除く冷却濾過に手間をかけることで、古酒のようなやわらかさと風味を持つ。

リッチ	シンプル -----□□■□□□ 複雑		
ストレート○	ロック◎	水割り◎	お湯割り○

直火請福《じかびせいふく》

泡盛　沖縄県

請福酒造（有）
☎0980-82-3166
沖縄県石垣市新川148-3（石垣島）
昭和24年（1949）創業

杜氏渾身の蒸留技術で造る 地元で人気抜群の食中酒

希望小売価格　600㎖ 909円　720㎖ 1120円　1.8ℓ 2341円

度数………30%
原料………タイ米
麹菌………米麹（黒）
蒸留方式…常圧

石垣島を代表する泡盛。豊かな香りと旨味があり食中酒にお勧め。氷入りのグラスに水7：泡盛3の水割りで飲むのが島人流。お湯割りも美味しい。

リッチ	シンプル -----□□■□□□ 複雑		
ストレート○	ロック○	水割り◎	お湯割り○

当醸造所のおもなラインナップ

請福《せいふく》ビンテージ43度《ど》

720㎖ 2625円/43%/タイ米/米麹（黒）/常圧

3年古酒100%の、古酒泡盛の旨味を追求した一品。芳醇な香りと深い味わいがあり、ストレート、ロック、水割りのいずれもOKと、好みの濃さで楽しめる。古酒30度（720ml 1890円）もある。どちらもラベルに蒸留年が明記され、貯蔵年数が一目で分る。

リッチ	シンプル -----□□□□□■ 複雑		
ストレート○	ロック◎	水割り◎	お湯割り○

創業時の社名は漢那酒屋。昭和58年「減圧泡盛請福」がヒットし平成4年現社名に変更。二代目で杜氏の漢那憲仁氏が、勘と経験を駆使し、昔ながらの直火釜蒸留法を用いて造った「直火請福」は、奥深い香りと豊かなコクがある人気銘柄。泡盛本来の旨さが凝縮されている。

(有) 八重泉酒造
☎0980-83-8000
沖縄県石垣市字石垣1834（石垣島）
昭和30年（1955）創業

八重泉

沖縄県　泡盛

昔ながらの直火式地釜蒸留というこだわりの酒造りで生まれた美酒

希望小売価格　600mℓ 789円　1.8ℓ 1849円

度数………30%
原料………タイ米
麹菌………米麹（黒）
蒸留方式…常圧

於茂登岳からの水が泉となって八重山に湧き出すイメージから命名された。心地よく鼻に抜ける芳醇な香りと、飲みやすさが特徴だ。ロック、水割りがおいしい。

リッチ	シンプル −−−−−□■□□□□ 複雑		
ストレート○	ロック◎	水割り◎	お湯割り○

平成3年、石垣《いしがき》市街地から見晴らしのよい小高い丘に移転。風通しがよく泡盛造りに絶好の環境の中、近代的な機械を導入しつつ、伝統製法を守り続けた酒造りを行っている。代表銘柄「八重泉」は、直火式地釜で蒸留する製法により、ふくよかな香りとなめらかな口当たりに仕上がっている。

当醸造所のおもなラインナップ

八《や》重《え》泉《せん》樽《たる》貯蔵《ちょぞう》

720mℓ 2234円/43%/タイ米/米麹（黒）/常圧

八重泉の原酒と黒真珠をブレンドし、オーク樽で熟成。琥珀色で華やかな樽香があり、ブランデーのような感覚を楽しめる。水割り、ロックがお勧め。

キャラクター	シンプル −−−−−□□□□□■ 複雑		
ストレート○	ロック◎	水割り◎	お湯割り○

黒真珠《くろしんじゅ》

720mℓ 1861円/43%/タイ米/米麹（黒）/常圧

老麹で仕込んだもろみを直火式地釜で蒸留。上品な香りと、ふくらみのある味わいが魅力。コクもある。泡盛鑑評会での受賞は数多。ストレートかロックで味わいたい。

リッチ	シンプル −−−−−□■□□□□ 複雑		
ストレート◎	ロック◎	水割り○	お湯割り○

たまのつゆ

玉の露

泡盛　沖縄県

玉那覇酒造所
0980-82-3165
沖縄県石垣市字石垣47（石垣島）
明治末期創業

老麹仕込み直釜式蒸留で奥行きのある旨さを引き出す

希望小売価格　1.8ℓ 1550円

度数………30%
原料………タイ米
麹菌………米麹（黒）
蒸留方式…常圧

麹本来の旨味を引き出した豊かな風味と上品な香り、甘くまろやかな喉越しが魅力。ストレートからカクテルまで、飲み方を選ばない。

リッチ	シンプル -----□□■□□□ 複雑		
ストレート○	ロック◎	水割り○	お湯割り○

玉那覇酒造所は、沖縄本島の首里《しゅり》にあった蔵元から、明治の末に分家し石垣島で創業した八重山最古の酒造所。一時は県内有数の大酒造場だったが戦災で焼失。現在は家族で守る小さな蔵になり、仕込みはもちろん、瓶詰めやラベル張りまで、ほとんどの工程を手作業で行うが、初代から受け継いだ技法で造る伝統の味は健在。

唯一のブランド「玉の露」は、古酒を前提にした老麹《ひねこうじ》仕込みと、黒麹の特性を引き出す直釜式蒸留で醸したもの。旨味と奥深さが特徴だ。蔵名の頭文字で、同時に沖縄では最高のものを表す言葉「玉」と、清々しさをイメージする「露」を合わせた銘柄名に、蔵元の製品への愛着が伝わる。

どなん花酒《どなんはなざけ》

国泉泡盛（名）
℡09808-7-2315
沖縄県八重山郡与那国町字与那国142
昭和36年（1961）創業　（与那国島）

沖縄県　泡盛

与那国島でしか造られない度数60度の泡盛「一番搾り」

希望小売価格　600㎖ クバ巻き 2600円　720㎖ 3300円　1.8ℓ クバ巻き 7000円（いずれも県外価格）

度数………60%　原料………タイ米
麹菌………米麹（黒）　蒸留方式…常圧

昭和47年の本土復帰を記念して製造。芳醇な香り、まるみのある濃厚な旨味があり、口に含むとふわっとした辛さが広がる。45度を超えるため、表示はスピリッツ類だ。

キャラクター	シンプル -----□□□□□■ 複雑		
ストレート◎	ロック◎	水割り○	お湯割り△

花酒とは、蒸留するとき最初に出てくる濃度60度前後の「一番搾り」で、日本で唯一、与那国《よなぐに》だけが製造を認められている。何銘柄かあるが、最も有名なのが「どなん花酒」。蔵元は、個人で酒造りをしていた4人が設立。伝統を重んじ蒸米も蒸留も直火式釜を用い、手造りで銘酒を世に問う。

当醸造所のおもなラインナップ

どなん30度《ど》

600㎖ クバ巻き950円　720㎖ 900円　1.8ℓ クバ巻き 2000円（いずれも県外価格）/30%/タイ米/米麹（黒）/常圧

華やかな香りと軽い飲み口、甘くまろやかな味わいで、島の祝い酒として愛飲されている。25度、43度もある。

リッチ	シンプル -----□□□■□□ 複雑		
ストレート◎	ロック◎	水割り○	お湯割り△

どなん島米古酒《しまいくーす》30度《ど》

720㎖ 2150円（県外価格）/30%/米/米麹（黒）/常圧

与那国島産の米で造り、長期熟成したまろやかな味わいの古酒。

リッチ	シンプル -----□□□□■□ 複雑		
ストレート○	ロック◎	水割り○	お湯割り○

どなん60度《ど》古酒《くーす》

450㎖ 琉球ガラスボトル 5500円（島内価格）/60%/タイ米/米麹（黒）/常圧

どなん花酒を10年間熟成した究極の古酒。泡盛鑑評会優等賞受賞した逸品だ。

キャラクター	シンプル -----□□□□□■ 複雑		
ストレート◎	ロック◎	水割り△	お湯割り△

東京で焼酎・泡盛を買うなら

銀座わしたショップ

(ぎんざわしたしょっぷ)

住中央区銀座1-3-9
☎03-3535-6991
営10:30～20:00
休年末年始

沖縄県の物産がいっぱいのアンテナショップ。特に地階にある泡盛フロアは、ほとんどの蔵元の商品が揃い、泡盛ファン垂涎のスペース。上野、日暮里、川崎に姉妹店がある。

銀座熊本館 くまもと物産プラザ

(ぎんざくまもとかん くまもとぶっさんぷらざ)

住中央区銀座5-3-16
☎03-3572-1147
営11:00～20:00
休月曜(祝日の場合は次に来る平日)

銀座通りに面した熊本県のアンテナショップ。県内の物産が揃うが、特に球磨焼酎の種類は豊富。2階のレストランでは、ショップで販売していない焼酎も飲める。

九州文化邑 (きゅうしゅうぶんかむら)

住中央区新富1-12-12
☎03-3555-2888
営11:00～19:00(第2・4土曜11:00～17:00)
休日・祝日と第1・3・5土曜

焼酎、泡盛の販売銘柄は350種。九州の主な銘柄はほとんど揃っている。親会社は蔵元だが、自社にこだわらず、スタッフが「旨い」と思うものを厳選している。

かごしま遊楽館 さつまいもの館

(かごしまゆうらくかん さつまいものやかた)

住千代田区有楽町1-6-4
☎03-3580-8821
営10:00〜20:00(土・日・祝日10:00〜19:00)
休なし

さつまいも製品を中心に鹿児島県内の物産を販売しており、芋焼酎の品揃えも豊富。その時々で入荷銘柄が異なることもあり、足繁く通うファンも多い。

窪田屋商店

(くぼたやしょうてん)

住練馬区東大泉2-18-3
☎03-3922-3416
営10:00〜21:00
休日曜

店主自らが利き酒した「旨い焼酎」を並べ、都内屈指の品揃えで知られる。地元の名産品だった練馬大根を原料にした焼酎を、蔵元と共同開発するなど、焼酎に賭ける熱意は半端ではない。

宮田酒店

(みやたさけてん)

住三鷹市上連雀1-18-3
☎0422-51-9314
営9:00〜20:00
(日・祝日10:00〜20:00)
休月曜

交通の便が良くない住宅街にあるが、余り一般に出回らない希少銘柄も手に入ることで、通に人気が高い。「プレミアム価格や抱合せ販売は一切しない」。

パワーラークス 東久留米店

(ぱわーらーくすひがしくるめてん)

住東久留米市南町2-5-16
☎042-460-8811
営10:00〜21:00
休なし

新青梅街道に面し、生鮮食料品と酒類がメインのスーパーストア。特にスペースの半分を占める酒類は充実。一般酒店には余りない意外性のある銘柄に出会えることも。世田谷、練馬、日野、川崎にも姉妹店がある。

その他の評判酒屋一覧

<東京>

●焼酎オーソリティー
住港区東新橋1-8-2カレッタ汐留 B2 ☎03-5537-2105 営11:00〜22:00 休なし
3200種類を超える銘柄が集合。まさにオーソリティーだ。

●新宿みやざき館 KONNE
住渋谷区代々木2-2-1 ☎03-5333-7764
営10:30〜21:00 休1月1·2日、3月1日、9月1日
宮崎県内の約30蔵元150銘柄が並ぶ。限定銘柄も多彩。

●伊勢五本店
住文京区千駄木3-3-13 ☎03-3821-4557
営10:00〜19:00 休日·祝日
季節限定銘柄を含め、32蔵元150余銘柄を揃える。

●酒のいちかわ
住江戸川区松江5-9-9 ☎03-3652-9191
営9:00〜21:00(祝日10:00〜18:00)
休日曜(月に1〜2回は営業)
品揃えの多さと、しばしば季節銘柄が入ることで通に人気。

●酒館内藤商店
住品川区西五反田5-3-5 ☎03-3493-6565
営9:30〜21:30 休日·祝日
品揃えは都内有数。一般向きの良品銘柄が多い。

●藤小西酒類販売場
住世田谷区北沢5-42-11 ☎03-3466-5305
営10:30〜20:00(日曜は変更あり) 休水曜
種類豊富なうえ、それほど知られていない銘柄も多く楽しめる。

●味のマチダヤ
住中野区上高田1-49-12 ☎03-3389-4551
営10:00〜18:30 休火曜
希少な銘柄をはじめ、品揃えの豊富さは目を見張るほど。

●大塚屋
住練馬区関町北2-32-6 ☎03-3920-2335
営9:00〜20:00 休なし
所狭しと商品が並ぶ。掘り出し物が見つかりそうな楽しい雰囲気。

●籠屋秋元商店
住狛江市駒井町3-34-3 ☎03-3480-8931
営9:00〜21:00(日·祝日9:30〜20:00)
休月曜
一生懸命酒を造る蔵元の銘柄を、一生懸命紹介するうれしい店。

●酒舗まさるや
住町田市鶴川6-7-2-102 ☎042-735-5141
営9:00〜19:30 休木曜
東京でも屈指の品揃えで評判。限定銘柄も多い。

<神奈川>

●サカグチヤ
住横浜市緑区十日市場町900-1 ☎045-985-4955 営10:00〜20:00 休水曜
生産量の少ない銘柄を探せると、通の間で評判の店。

●込山仲次郎商店
住横浜市戸塚区矢部町39-1 ☎045-864-8467 営10:00〜19:00 休水曜
珍しい銘柄や限定焼酎の品揃えで人気がある。

●藤沢とちぎや
住藤沢市本町4-2-3 ☎0466-22-5462
営9:30〜20:30(日·祝日9:30〜19:30)
休火曜
店主が蔵元に足を運び、厳選したものを揃える。

<埼玉·千葉>

●稲荷屋
住さいたま市南区根岸5-24-5 ☎048-862-3870 営10:00〜21:00 休水曜
名前にこだわらず、良いもの中心の品揃えに努める。

●酒のぎょうだ
住羽生市西3-4-10 ☎048-561-1406 営9:30〜20:30 休なし
全国の安くて旨い銘柄を選んだ、良心的な品揃えで人気。

●いまでや商店
住千葉市中央区仁戸名町714-4 ☎043-264-1200 営10:00〜20:00(日·祝日10:00〜19:00) 休水曜
千葉県内有数の品揃えで知られ、酒を楽しむ会なども開催。

●矢島酒店
住船橋市藤原7-1-1 ☎047-438-5203
営9:00〜20:00 休火曜と第3月曜(祝日の場合は営業)
蔵元と協力した特別限定酒など、魅力的な銘柄も多い。

SSI（日本酒サービス研究会・酒匠研究会連合会）について

SSIは日本酒サービス研究会・酒匠研究会連合会（Sake Service Institute）の略称です。
SSIでは、日本酒のソムリエ「きき酒師」や焼酎のソムリエ「焼酎アドバイザー」などのプロフェッショナルの育成や教育を通じ、日本の伝統食文化の粋である「日本酒」、「焼酎」などの啓蒙発展に努め、20年目を迎えました。
また、2010年からは、「日本酒検定」や「焼酎検定」を通じて、日本酒、焼酎の魅力を多くの消費者にも知っていただく機会の創造を目指し活動しております。

日本では、情報・物流の発達により、全国津々浦々の焼酎が手に入るのはもちろんのこと、世界中の蒸留酒まで気軽に飲めるようになりました。しかしながら、焼酎においては、ブームになったとはいえ、まだまだ商品先行の感は否めず、本来の焼酎の魅力を消費者の方に十分にご理解いただいてはいないのではないでしょうか。

一口に焼酎と言っても、さまざまな焼酎があり、その楽しみ方も変わってくるはずです。特に焼酎は、「麦」、「芋」、「米」、「黒糖」など原料により変わる風味や、さらには使用される「麹菌」、あるいは「蒸留方法」と多種多様な組み合わせにより、実にバラエティーに富んだ風味が存在するのです。また、日本の伝統的蒸留酒として、伝統的製法により生み出される焼酎と、革新的技術を用いて生み出される焼酎の双方を楽しむことができるのも魅力でしょう。

世界の蒸留酒と比較した時、焼酎の最大の魅力は「食事と一緒に楽しめる」、「お燗、お湯割りで楽しめる」ということであり、四季のある日本ならではの蒸留酒文化がそこに存在します。

日本酒サービス研究会・酒匠研究会連合会では、このようなバラエティーに富み、魅力溢れる焼酎を一人でも多くの消費者の方にお楽しみいただくことを目指し、焼酎のソムリエ「焼酎アドバイザー」の育成、さらには消費者自らが焼酎の知識を身につけていただくことを目的とした「焼酎検定」を通じ、焼酎の適切な啓蒙、普及活動を継続していきたいと考えています。

SAKE SERVICE INSTITUTE

日本酒サービス研究会・酒匠研究会連合会（SSI）

〒114-0004　東京都北区堀船2-19-19

0120-312-194　TEL.03-5390-0715　FAX.03-5390-0339

http://www.sakejapan.com

詳しくはホームページをご覧下さい

銘柄別索引

【あ】

【か行】

【さ行】

【た行】

【な行】

【は行】

【ま行】

蔵元別索引

参考文献

「焼酎の基」SSI 講習会テキスト／2010
「本格焼酎」新星出版社／2004
「世界のスピリッツ焼酎」技報堂出版／2005
「本格焼酎テイスティングBOOK」エクスナレッジ／2005
「焼酎酒屋見聞録」生活情報センター／2006
「芋焼酎極め方事典」オーイズミ／2006
「名物酒店の店主が教えるうまい焼酎」実業之日本社／2007
「焼酎・泡盛ハンドブック」池田書店／2008
「泡盛入門」幻冬舎／2008

memo

memo

memo

監修代表 長田 卓（ながた　たく）
NPO法人FBO（料飲専門家団体連合会）研究室長。
SSI（日本酒サービス研究会・酒匠研究会連合会）研究室長。
日本酒、焼酎を中心としたテキスト、各種ツールの開発を担当する。特にテイスティングに関して、香味特性や楽しみ方を、わかりやすく伝えられるツールの開発に力を入れる。同会の主催する「きき酒師」、「焼酎アドバイザー」認定講習会では、テイスティング講座の主任講師を務める。
■ SSI（日本酒サービス研究会・酒匠研究会連合会）のWEBサイト
http://www.sakejapan.com/
■ NPO法人FBO（料飲専門家団体連合会）のWEBサイト
http://www.fbo.co.jp/

取材・執筆 村田郁宏（むらた・いくひろ）
山口県下関市出身。関西大学文学部卒業。観光会社の広報マンを経て旅行ライター。故郷は関門海峡を挟んで目の前が焼酎王国・九州。地の利から焼酎に親しむ。著書に『全国小京都』（日地出版）、『カラーブックス富士と五湖』（保育社）、『県別ガイド山梨県』（ゼンリン）、『五つ星の駅弁・空弁』（東京書籍・共著）など15冊がある（一部は村谷宏のペンネームで発表）。

ブックデザイン　長谷川理（Phontage Guild）
撮影　松田敏博（エルフ）、新井鏡子
執筆協力　松尾富美恵、斉藤裕子、後藤厚子
企画・編集　小島卓（東京書籍）、石井一雄（エルフ）

焼酎《しょうちゅう》手《て》帳《ちょう》

2010年8月2日　第1刷発行

監修者　SSI（日本酒サービス研究会・酒匠研究会連合会）
発行者　川畑慈範
発行所　東京書籍株式会社
〒114-8524　東京都北区堀船2-17-1
電　話　03-5390-7531（営業）　03-5390-7526（編集）
http://www.tokyo-shoseki.co.jp
印刷・製本　凸版印刷株式会社

ISBN978-4-487-80422-1 C2076